中西古风

别墅设计典藏

Villa Design

理想·宅 编

化学工业出版社

·北京·

编写人员名单：（排名不分先后）

叶　萍　黄　肖　邓毅丰　张　娟　邓丽娜　杨　柳　张　蕾　刘团团　卫白鸽　郭　宇
王广洋　王力宇　梁　越　李小丽　王　军　李子奇　于兆山　蔡志宏　刘彦萍　张志贵
刘　杰　李四磊　孙银青　肖冠军　安　平　马禾午　谢永亮　李　广　李　峰　余素云
周　彦　赵莉娟　潘振伟　王效孟　赵芳节　王　庶

图书在版编目（CIP）数据

中西古风别墅设计典藏 / 理想 · 宅编．—北京：化学工业出版社，2016.4
ISBN 978-7-122-26333-9

Ⅰ．①中… Ⅱ．①理… Ⅲ．①别墅－建筑设计－作品集－中国－现代 Ⅳ．① TU241.1

中国版本图书馆 CIP 数据核字（2016）第 032811 号

责任编辑：王 斌　邹 宁　　　　装帧设计：骁毅文化

出版发行：化学工业出版社(北京市东城区青年湖南街13号　邮政编码100011)
印　　装：北京瑞禾彩色印刷有限公司
787mm×1092mm　1/16　印张10　字数200千字　2016年4月北京第1版第1次印刷

购书咨询：010-64518888（传真：010-64519686）　售后服务：010-64518899
网　　址：http：//www.cip.com.cn
凡购买本书，如有缺损质量问题，本社销售中心负责调换。

定　　价：58.00元

CONTENTS

奢绮西风

禅意东方

奢绮西风

奢绮西风风格的家居以柱式、拱券、山花、雕塑为主要构件的装饰风格，较为典型的元素为实木线、装饰柱、壁炉和镜面等。地面一般铺大理石，墙面贴花纹壁纸装饰。室内布局多采用对称的手法，以白、黄、金三色系为主，具有强烈的欧洲文化韵味和历史内涵。

风格元素

材质

大理石地面

石膏板

软包

石材拼花

仿古砖

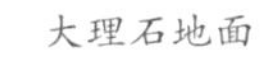

镜面

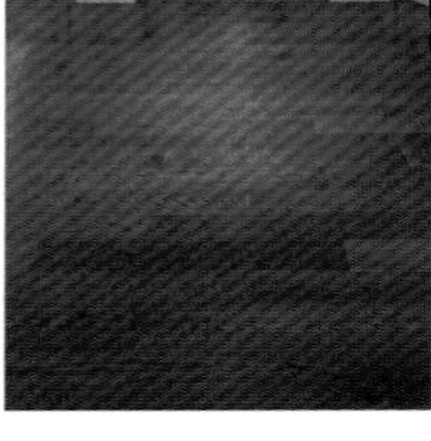

木地板

护墙板

花纹壁布

天鹅绒

家具

兽腿家具

色彩鲜艳的沙发

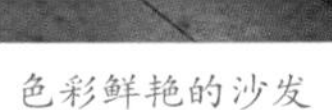

贵妃沙发床

皮革餐椅

欧式四柱床

床尾凳

线条简化的复古家具

曲线家具

颜色

白色系

金色 / 黄色

红色

棕色系

青蓝色系

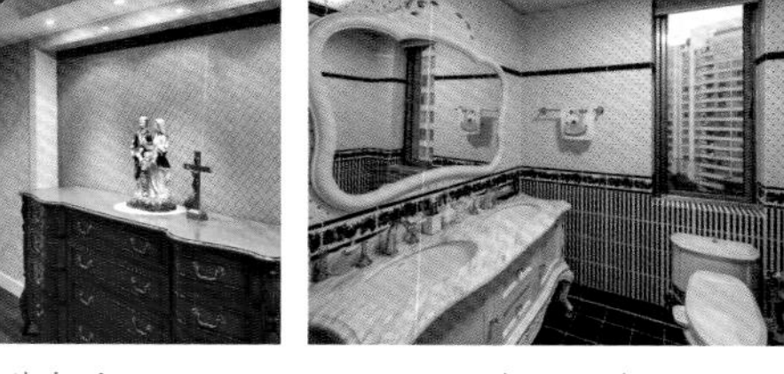
白色 + 黑色

白色 + 暗红色

灰绿色 + 深木色

装饰

水晶吊灯

罗马帘

西洋钟

大型灯池

壁炉

西洋画

欧式红酒架

欧式茶具

欧式工艺品

欧式花器

形状图案

藻井式吊顶

欧式门套

雕花

对称布局

装饰线

波浪式线条

拱顶

拱门

品味尊贵

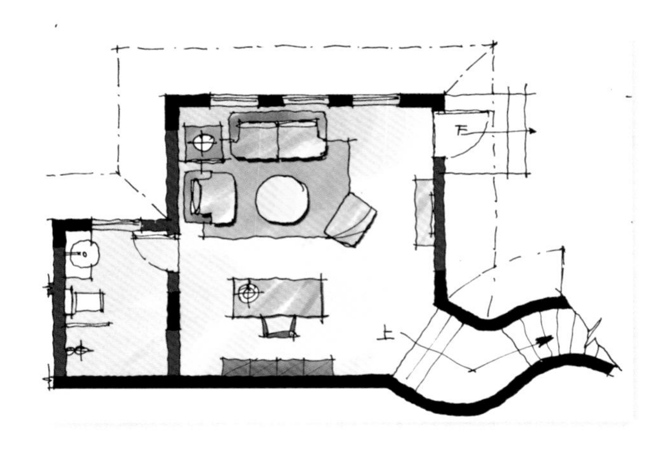

一层平面图

老鬼
高级室内建筑师、全国百名优秀室内建筑师

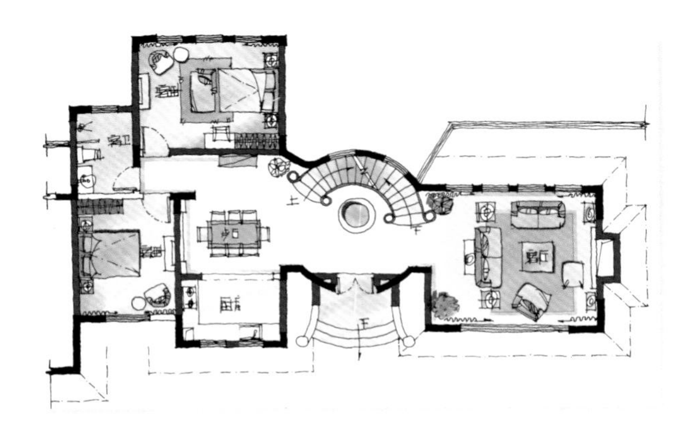

二层平面图

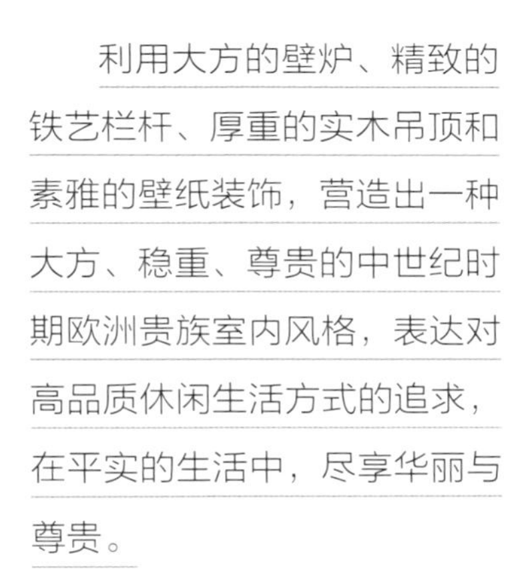

利用大方的壁炉、精致的铁艺栏杆、厚重的实木吊顶和素雅的壁纸装饰，营造出一种大方、稳重、尊贵的中世纪时期欧洲贵族室内风格，表达对高品质休闲生活方式的追求，在平实的生活中，尽享华丽与尊贵。

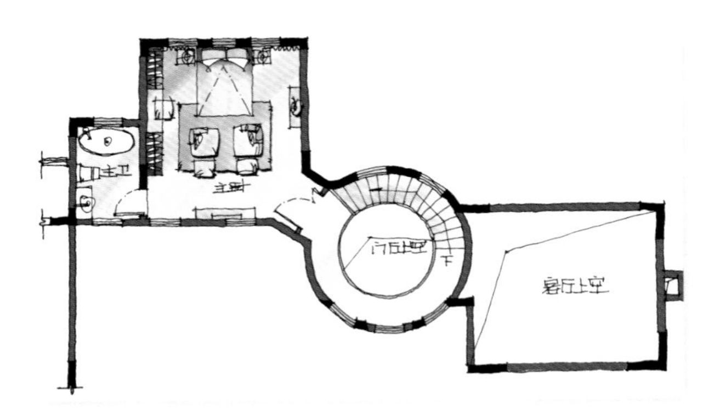

三层平面图

户型档案

面积：256 平方米

主材：板材、壁纸、玻璃等

❶ 在色彩上，用明黄、金色等古典常用色来渲染空间氛围，可以营造出富丽堂皇的效果，表现出华贵气质。

❷ 巨幅的纯毛地毯、质感十足的实木家具，搭配上个性的顶面造型，华贵大气。

❸ 此处的水晶吊灯无论在造型还是灯光色彩上，都与周围的装饰、家具风格一致，营造出华丽尊贵的氛围。

❹ 硬挺的质感、大波浪的线条，都使得罗马帘成为奢绮西风风格中不可或缺的元素，为家居添加了高雅古典之美。

装饰元素 1：水晶吊灯

在奢绮西风风格的家居空间里，灯饰设计应选择具有西方风情的造型，比如水晶吊灯。这种吊灯给人以奢华、高贵的感觉，很好地传承了西方文化的底蕴。

装饰元素 2：兽腿家具

奢绮西风风格的家居中，家具上往往会选择兽腿家具。其繁复流畅的雕花，可以增强家具的流动感，也可以令家居环境更具质感，更表达了一种对古典艺术美的崇拜与尊敬。

❺ 富丽的颜色、大方美丽的花纹，精致的雕刻兽腿家具带给客厅浓浓的欧洲风情，与其他华贵装饰完美融合。

❻ 客厅与其他空间衔接处作了门框，空间分隔更加明朗，也使客厅更显通透。

❼ 在客厅与餐厅的分割点，放置欧洲风情十足的大提琴雕像，既有观赏性，又显示了主人的个人喜好与生活品位。

❽ 开放式的厨房既能节省空间，又能增近家人感情，营造温馨的就餐环境。顶部大型灯池保证采光度，使餐厅更加明亮、整洁。

❾ 马赛克、油画搭配拱门设计，整个空间尽显古典风。过道上摆放精致的金属小品，搭配艺术画，既避免单调之感，又增加装饰品味。

⑩ 精致的实木家具与金黄色的铜质浮雕摆件，是卧室中最能体现华丽尊贵的元素。当然，唯美的水晶灯饰搭配大气的吊顶设计，也是欧式古典风格卧室中常用的手法。

⑪ 优雅的铁艺吊灯，精美的壁纸与窗帘，尽显中世纪的质朴与厚重。

⑫ 卧室的布艺色彩与壁纸搭配，床具漆成白色，仿佛童话世界里公主的卧室。作为家中女孩房，最合适不过。

⑬ 书橱内除了摆放整齐的图书，适当地放置几件工艺收藏品，既能彰显主人兴趣品质，又能提升格调。

⑭ 在华贵古典的家居中，搭配一幅看似随意放置的装饰画，为庄重的书房增添一丝温馨的气息，富有生活情趣。

⑮ 花纹淡雅的壁纸，厚重的实木家具，简洁大方的地面铺装，保证品位的同时，将书房装点得更为宁静、庄重。

⑯ 放置一块金色裱框的大镜子，可以在视觉上放大卫浴的面积，同时又提高环境品质，彰显尊贵气息。

⑰ 卫浴都采用了仿古墙地砖，与整体空间的色调一致。设置灯槽采光，既可以防潮，又使空间更显温馨。

⑱ 圆拱状门与曲形楼梯风格上保持一致，使用罗马帘装饰窗户，既美观又与周围景观呼应，使矩形窗户与周围融为一体。此处窗户在起到采光通风作用的同时，装饰性极强。

⑲ 圆弧状的楼梯，简洁大气，线条曲润流畅。二楼梯井为圆状，并在屋顶以水晶灯装饰，造型独特，兼具功能与美观，富有浪漫主义色彩。

⑳ 虚幻缥缈的纱帘，搭配雍容华贵的水晶灯，尊贵气息扑面而来。

18

19

20

湖景乡村

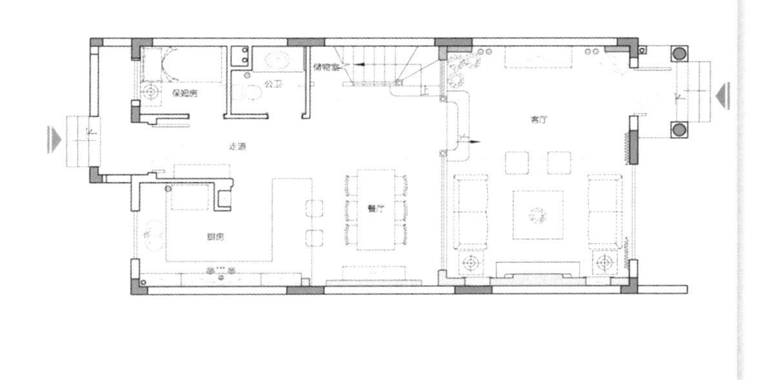

一层平面图

李益中
深圳市李益中空间设计
有限公司创意总监

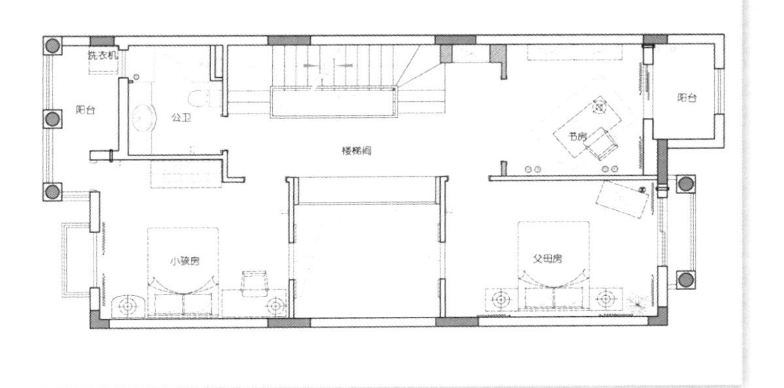

二层平面图

原本平凡的事物，只因场地、景致、空间的不同演绎，就会展现出别样的气质。利用米黄石材、榆木地板等营造出端庄大气、富有品位的家居环境。暖暖的光线、舒适的空间设计，无不彰显着“家”的温馨与舒适。

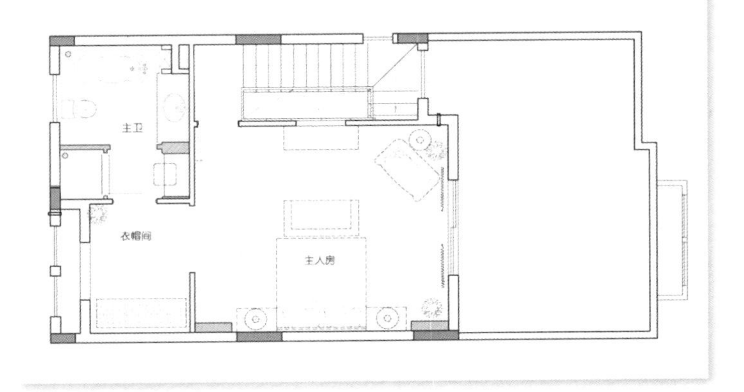

三层平面图

户型档案

面积：200 平方米

主材：米黄石材、榆木地板、机理漆、花地毯等

装饰元素 3：色彩鲜艳的沙发

色彩鲜艳的沙发也是奢绮西风风格家装中常用的元素之一，可以传达出奢美、华贵的气息。

❶ 米黄的肌理漆上面是一组柔美娟秀的彩绘花草纹样，这样的壁龛和彩绘，既有个性，又彰显了主人家的品位。

❷ 壁炉两侧深色展示柜庄重而典雅，富有韵味，摆放的艺术品具有浓厚的欧洲风情。

❸ 米黄色的石材搭配深色榆木地板分隔形成的地面拼纹，藻井式吊顶穿插的木梁对应起来，视觉上感到和谐而稳定。

❹ 半开放式的 L 形厨房，保持了家庭厨房活动之间的亲密性。转角处的吧台既起隔离作用，又可做菜品的临时放置处。

❺ 餐厅位于入门处，所以更加注重美观。棕红色雕花餐桌与周围家具色调一致，金丝织花的座椅华丽大方，惹人注目。

3

4

5

❻ 在餐桌一侧采用镜面装饰，可扩大视觉空间，也使就餐环境更加明亮，而镜子本身也是一种装饰。

❼ 采用两种深浅不同的瓷砖组合装饰厨房墙面，简单大方。精心布置的绿植、鲜花以及储物架装点了厨房，也显示出主人对生活的热爱。

❽ 卧室中墙壁、家具以及灯光的颜色皆为暖色调，令居者在此轻易消除疲劳。

❾ 本案中卧室光线不太好，因此，用浅色调装饰墙面，不仅有增强采光的作用，看上去还简约至极。

❿ 暖色调的卫浴带来温馨感，隐约可见的灯具及浴缸皆具奢华韵味。

⓫ 无论装潢的颜色，还是家具、饰品的质感，都给人呈现一种祥和庄重的感觉，十分符合老人房的功能定位。

⓬ 无论装潢的颜色，还是家具、饰品的质感，都给人呈现一种祥和庄重的感觉，十分符合老人房的功能定位。

⓭ 舒爽的黄色条纹壁纸，搭配青绿色的乳胶漆，俏皮可爱的色彩是孩子们的最爱。

装饰元素 4：四柱床

四柱床起源于古代欧洲贵族，他们为了保护自己的隐私，便在床的四角支上珠子，挂上床幔，后来，逐步演变成利用柱子的材质和工艺来展示主人的财富。因此，在奢绮西风风格的卧室中，四柱床的运用十分广泛。

11

12

13

⑭ 金黄色带穗丝绸的灯罩和锦盒华贵大方，凸显主人对细节的追求。

⑮ 两层厚度不同的窗帘可以调节室内光线，营造安谧平静的读书氛围，为主人提供最舒适的阅读环境。

⑯ 古朴的书橱可以显示出主人沉着历练的性格，以及对内涵和深度的追求，同时，对书房的风格营造起着至关重要的作用。

⑰ 仿古地砖搭配棕红色橱柜式洗漱台，庄重大气。而镜子装裱华丽精致，为整个环境增添了富贵之气。

⑱ 实木和铁艺的结合，搭配艺术墙饰，演绎了一场楼梯的浪漫。

17

18

⑲ 在走廊一侧设置座椅，可做短暂的停留休憩，更富有生活气息。

⑳ 走廊吊顶、楼梯、门套、窗户均为实木的，风格统一协调，又富有纹理的变化。

倾城绝恋

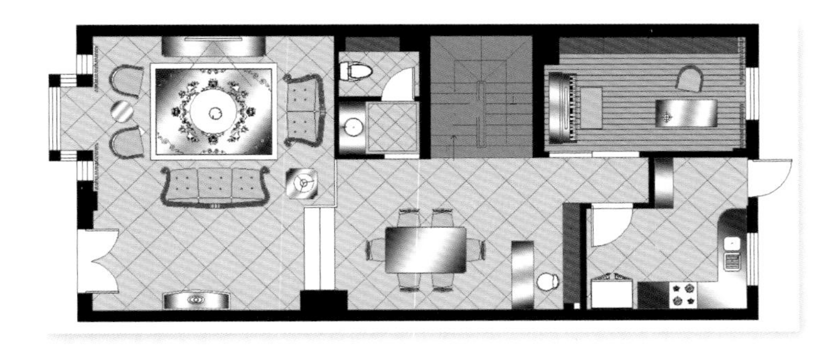

一层平面图

由伟壮
由伟壮装饰设计创办人、
IFDA 国际室内协会注册
高级设计师

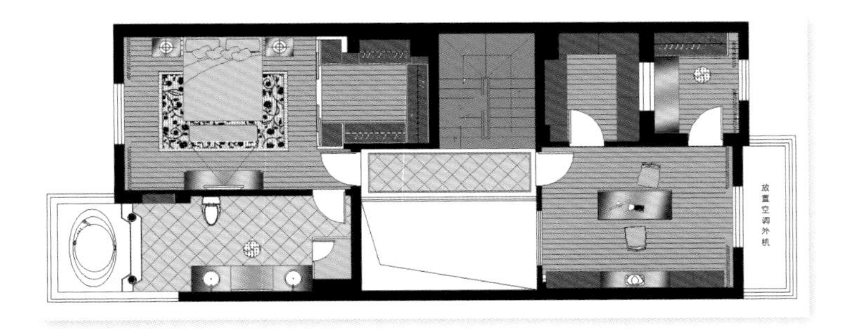

二层平面图

集时尚与典雅为一体的欧式家居设计，少了富丽堂皇的装饰和浓烈的色彩，而采用更加明媚轻快的浅色色彩，在细节之处体现对完美的追求，呈现一片清新、典雅和大气并存的空间。

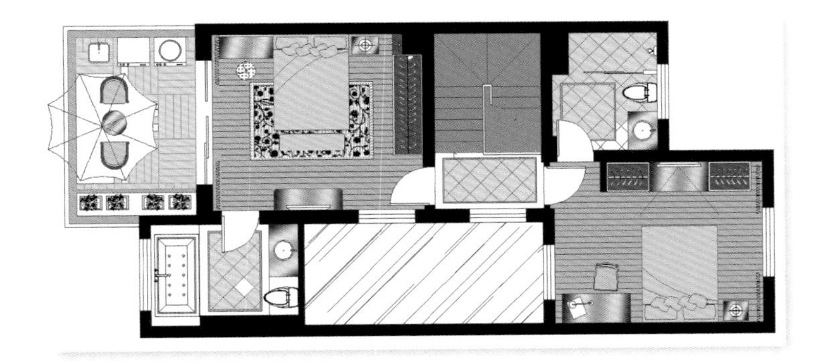

三层平面图

户型档案
面积：320 平方米
主材：石膏线、壁纸、乳胶漆、软包、大理石、雕花玻璃等

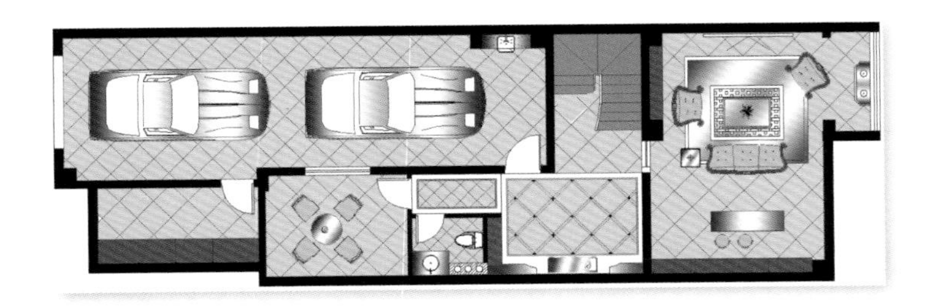

地下室平面图

装饰元素 5：壁炉

壁炉是西方文化的典型载体。选择奢绮西风风格的家装时，可以设计一个真的壁炉，也可以设计一个壁炉造型，都能营造出极具西方情调的生活空间。

❶ 玄关处采用壁炉和艺术画装饰，是奢绮西风风格的典型特征。本处利用花卉和金属饰品装饰，避免了单调感。

❷ 地面采用方格状拼接花纹，顶部利用灯槽将玄关和客厅分隔，保持整体感的同时，功能区分明确。

❸ 整个客厅明亮华贵，乳白色的皮革沙发与大理石电视背景墙浑然一体，十分和谐。

❹ 落地窗、罗马帘、碎花的纱幔，为客厅提供了充足采光的同时，也提升了整个客厅的品质。

装饰元素 6：西洋画

西方绘画艺术源远流长，品种繁多。在奢绮西风风格的家居空间里，可以选择用西洋画来装饰空间，以营造浓郁的艺术氛围，表现主人的文化涵养。

❺ 与客厅风格保持一致，餐厅也采用浅色色调，明快华丽。透亮的橱柜展示效果突出，兼具实用与装饰效果。

❻ 餐厅挑高较高，巨幅油画与华贵的水晶灯使上下空间均衡，融为一体，避免了单调乏味，增加了可视点。

❼ 采用相对简洁的浅色新欧式餐桌，较易融入周围环境。餐桌工艺精致，花纹简单华贵，显示出主人的不俗品位。

❽ 厨房也沿用了浅色调，简洁但不失品位。细节装点厨房，优雅而温馨。

装饰元素 7：软包

软包是指一种在室内用柔性材料加以包装的墙面装饰材料，所使用的材料往往质地柔软，色彩柔和，能够柔化整体空间的氛围，其纵深的立体感亦能提升家居档次，因此，也是奢绮西风家居中非常喜欢用到的装饰材料。

❾ 选用温馨的暖色调，使整个卧室更显典雅精致，富有浪漫色彩。梳妆台旁的花束、真丝灯罩等体现主人对完美细节的追求。

❿ 大浴缸、台阶、纯毛防滑垫、欧式风情的卫浴柜与卫浴镜，梦想中卫浴该有的元素统统放进了这个共享的大区域。

⑪ 碎花窗帘、粉色床罩、实木地板，整个卧室充满着浪漫的温馨色彩，作为家中女孩房，最合适不过。

⑫ 书房中家具明亮简洁，既与其他空间风格一致，又保证了书房安静祥和的阅读气氛。

⑬ 竖线条的墙面装饰让空间更有情调，不规则镜子增加了灵活和韵味。

⑭ 背景墙色调对比鲜明，线条流畅自然，简单大方，令人心情明朗。

⑮ 文化石与仿古砖搭配出个性背景墙，加上现代欧式家具的搭配，构成了一个典型的欧洲世界。

⑯ 背景墙中大面积的白色色块与白色展示柜、沙发座椅等相互呼应，互为一体。

翠岸莺啼

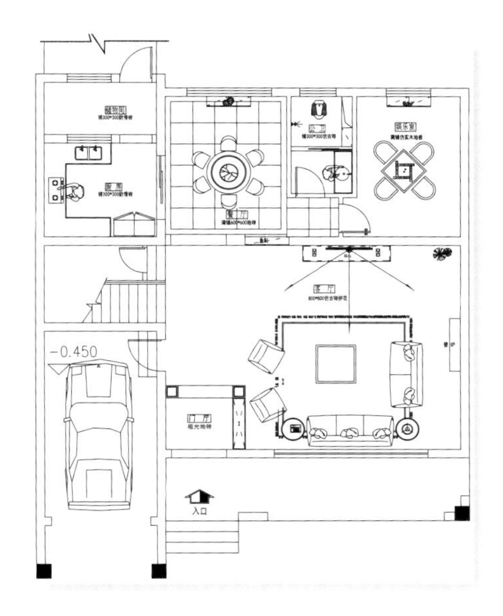

一层平面图

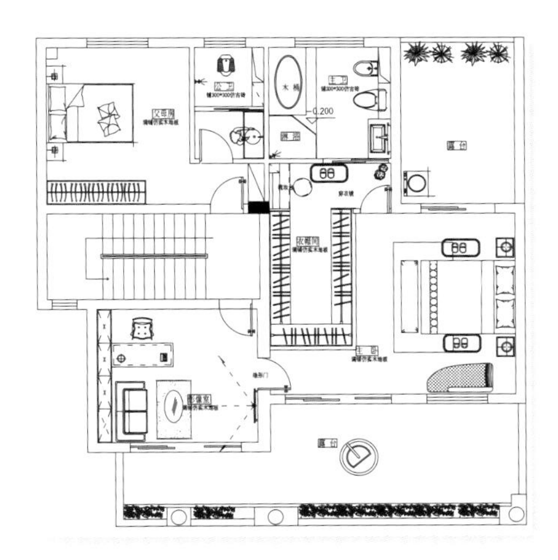

二层平面图

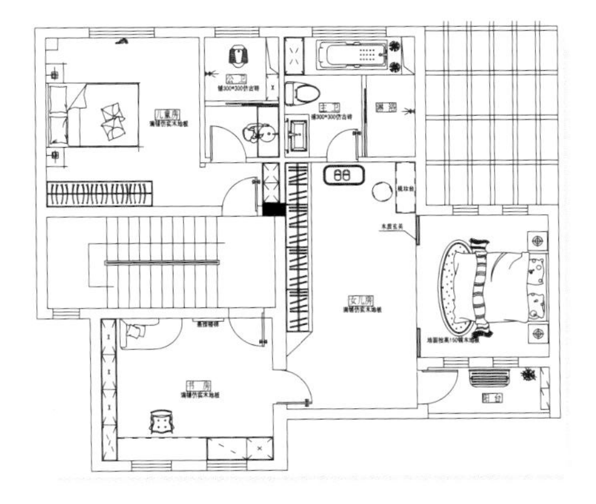

三层平面图

陈涛
TOP 设计工作室创办人

在匆忙的城市生活中，人们都想要一个浪漫的居所，让生活节奏慢下来，细细品味生活的多姿。本案融合了古典奢绮西风风格的奢华大气和现代生活追求的自然和浪漫，创造出尊贵优雅又休闲的家居氛围。

户型档案

面积：360 平方米

主材：石材、仿古砖、软包、装饰线、壁纸、森太木等

❶ 玄关的设计没有太多造作的修饰与约束。简单的玄关家具搭配壁纸、装饰画，不经意中营造了一种休闲的浪漫。

❷ 仿古地砖落落大方，韵味十足，配上质感十足的古典欧式实木家具，浓浓的欧式风情扑面而来。

装饰元素 8：罗马帘

罗马帘是窗帘装饰中的一种，将面料中贯穿横竿，使面料质地显得硬挺，充分发挥了面料的质感，装饰效果非常华丽，可以为家居增添一分高雅古朴之美。

❸ 竖条纹壁纸雅致简洁，厚实的罗马帘浪漫华贵，两侧的盆栽与鲜花为整个客厅带来生机与绿意。

❹ 绚丽的马赛克墙面设计搭配富丽堂皇的布艺窗帘，使得餐厅贵气十足，又不失自在与随意。

装饰元素 9：护墙板

护墙板又称墙裙、壁板，一般采用木材等为基材。护墙装饰板具有质轻、防火、防蛀、施工简便、造价低廉、使用安全、装饰效果明显、维护保养方便等特点，被广泛地应用于奢绮西风风格的家居中。

❺ 卧室布置较为温馨，作为主人的私密空间，主要以功能性和实用舒适性为考虑的重点。主卧没有顶灯，用的是壁灯、灯槽等辅助光源。

❻ 墙面采用竖线条壁纸与碎花墙纸相结合，清新淡雅，追求品质的同时，不失自然。

❼ 在卧室一侧独辟一处作为书房，方便主人办公阅读。书房的整体风格与卧室保持一致，舒适自然，带给人无限好心情。

❽ 卧室分隔出单独的化妆间，更方便主人日常生活，实用舒适感十足。

❾ 儿童房在设计上增添了许多的时尚和趣味性的元素在里面，俏皮可爱，迎合了儿童的需求。

❿ 门扇采用的是白色模压门，仿木纹色，整体营造一种轻松自在感与情调，与卧室内风格一致。

⓫ 更衣室顶部为拱形，使空间更为敞亮，避免压迫和单调感。白色橱柜淡雅自然，实用又美观。

⑫ 书房设计简单实用，壁纸沿用了卧室中的壁纸纹样，保持清新格调，为书房营造出轻松写意的办公环境。

⑬ 洗刷台兼具储物功能，兽腿、雕花具有典型的奢绮西风风格。窗帘选用清新的淡黄碎花图案，简单大方又自然。

⑭ 阳台上放置一处实木摇椅，绿荫环绕，为主人提供一处自然亲切的休憩之处。

⑮ 两侧采用木格栏，保持通透性，使阳台更自然，更具有田园气息。

⑯ 露台中设计一个休闲喝茶之处，让劳累一天的主人回到这片安静舒适的地方，身心得到无比的放松，让轻松自在与情调感在这个家里无限蔓延。

⑰ 藤制桌椅、实木顶部，以及古香古色的壁灯，美观质朴，也让露台更加自然亲近。

梦回欧式

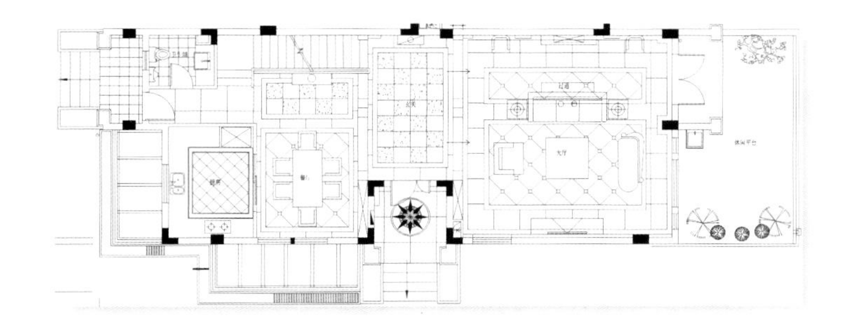

一层平面图

巫小伟
威利斯(VILLISPACE)
设计有限公司创始人、
中国建筑装饰协会会员

本案借鉴古典欧式宫廷建筑内部风格和贵族高雅奢华的生活，在设计上融入经典欧风元素，在当今快节奏的生活中营造一种典雅舒适的家居风格，引领居住者领略欧洲古国华丽殿堂的风情，品味高品质生活。

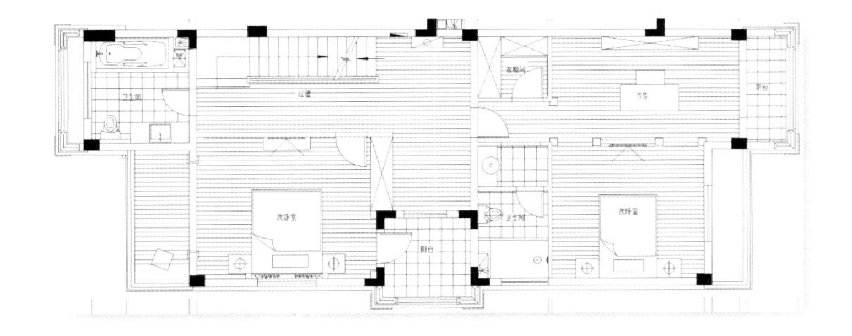

二层平面图

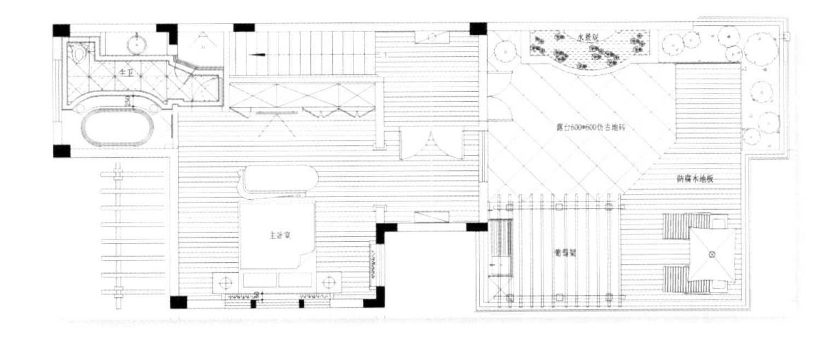

三层平面图

户型档案

面积：450 平方米

主材：仿古砖、板材、石材、壁纸等

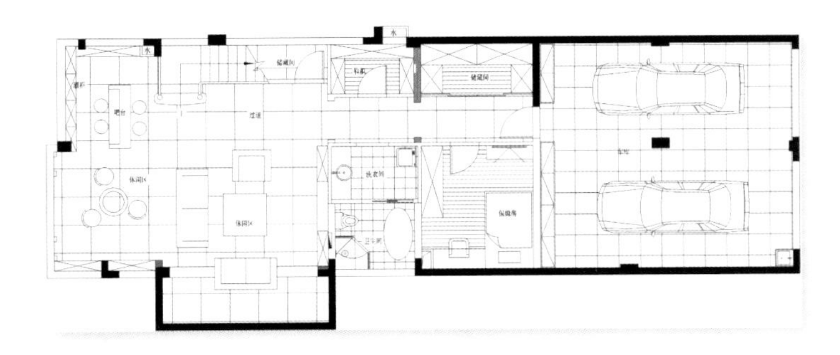

负一层平面图

❶ 入户大堂极为奢华，石材地面、穹顶、罗马柱，简单的勾勒尽显大气典雅，顷刻奠定了大宅的基调。

❷ 古铜色的壁炉为室内添加了几分凝重与沉淀，水晶灯、饰品等的选择都把空间装点得分外妖娆。

❸ 餐厅设计较为简单，古典欧式实木餐桌弥漫着浓郁的文化气息，皮质的座椅与餐桌相得益彰。

❹ 客厅设计干净利落，通过软装营造出高贵典雅的气氛。黑白灰为底色的沙发营造出优雅高贵的氛围。

5

❺ 网纹玻璃良好的通透性，保持厨房和餐厅的连贯性，简洁美观，装饰性非常好。

❻ 仿古墙砖、地砖，配上淡黄色质朴的欧式现代厨具，自然而舒适，让厨房更温馨，创造良好的烹饪氛围。

6

❼ 书房内整体色调明亮轻快。条状窗帘大方雅致，家具设置简洁但十分精致，精美的油画作为点睛之笔，提升了书房品质。

装饰元素 10：床尾凳

床尾凳并非是卧室中不可缺少的家具，但却是欧式古典家具中很具有代表性的设计，具有较强的装饰性和少量的实用性，对于经济状况比较宽裕的家庭，可以从细节上提升卧房品质。

❽ 深色地板的铺设，与之对应的是墙面、睡床十分淡雅的用色，这种看似反差极大的配色，不仅不显突兀，还为空间增加了层次感。

❾ 墙面采用护墙板和壁纸相结合，层次更加丰富，且整体风格统一协调，提升了卧室的品质。

⑩ 在卧室中安置电视，方便主人观看，而电视背景墙用装饰材料模拟家具，效果逼真，增加了层次感。

⑪ 以浅粉、雅白为基调，配以花纹丰富的壁纸，间或搭配华美灯饰以及精致家具，令整个空间尽显欧风优雅。

10

11

⑫ 从门上的雕花到镜框的造型，从灯饰的选择到大理石的运用，空间处处皆显现着浓郁的欧式风情。

⑬ 卫浴干湿区域分开，更方便主人日常生活。椭圆状无边镜子简易又不失精致，从细节中体现家居品质。

装饰元素 11：仿古砖

仿古砖通常指的是有釉装饰砖，其坯体可以是瓷质的，也有炻瓷、细炻和炻质的；釉以亚光的为主；色调则以黄色、咖啡色、暗红色、土色、灰色、灰黑色等为主。仿古砖蕴藏的文化、历史内涵和丰富的装饰手法使其成为欧美市场的瓷砖主流产品。

⑭ 大理石台面的实木吧台设计，搭配展示柜中精美的雕塑和红酒，皆为此空间营造出十足的气度。

⑮ 藻井式吊顶、华贵十足的沙发以及风情味十足的背景墙，使空间充满浓浓的文化底蕴与生活情趣。

⑯ 仿古地板与古香古色的木色搭配，让空间更显自然亲切。在这里，主人可以尽情放松享受。

巴黎密语

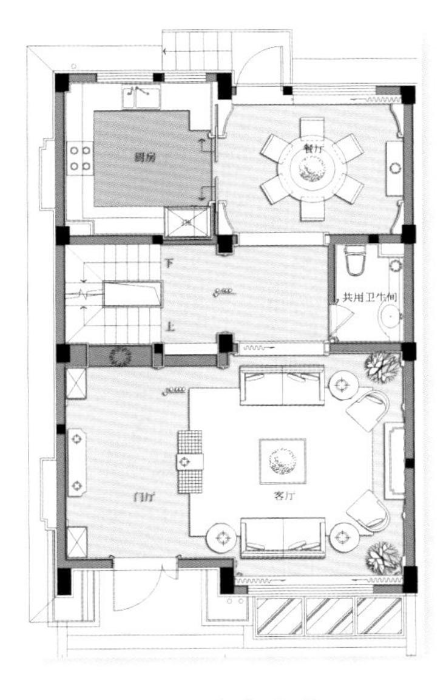

一层平面图

二层平面图

由伟壮
由伟壮装饰设计创办人、IFDA 国际室内协会注册高级设计师

三层平面图

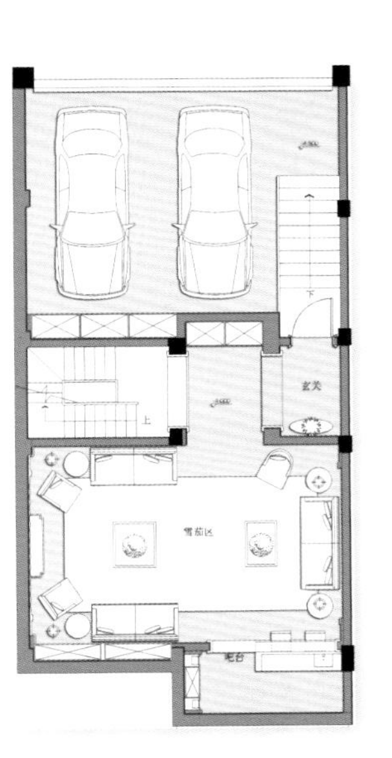

地下室平面图

本案充满了浪漫与精致、感性与华丽。在此案中，时尚与传统并存，奢华与低调相融，追求生活的精雕细琢和富贵华丽的生活细节，营造一种独特的浪漫奢华的室内风格。本案空间布局上突出流畅的线条、恢宏的气势、豪华舒适的居住空间，强调高贵典雅。

户型档案

面积：400 平方米

主材：地砖、地板、壁纸、乳胶漆、白色亚光油漆、护墙板、大理石等

❶ 线条流畅，黑白对比分明。沙发没有选用传统的对称式布局，而是选用了反差极大的简约白沙发和深蓝色金丝镶花座椅，并通过深色地毯进行协调，整体效果别致、突出。

❷ 客厅的每个组成元素都十分精美，量多而不杂，共同构成统一的整体，堪称完美。

❸ 餐厅选用简练的新欧式餐椅，保持欧式风情的同时，增加现代感，更符合当今的生活方式。

❹ 厨房装饰以实用功能为主，简洁大方，毫无赘余，给人干净利索的好印象。

❺ 室内光线淡雅温馨，样式独特的深色系窗帘使卧室更加沉静，营造了良好的休息氛围。

❺ 黑白黄蓝颜色搭配，色彩对比鲜明，线条感强，装潢、陈设简练大方，明亮清新。

❼ 本处更衣室虽然空间不大，但简洁实用。衣橱顶部放置一束鲜花，装点空间的同时，也可以带给居住者一个好心情。

❽ 细节处理上，无论是线条流畅的镶花储物家具，还是金属质感的床头柜，或者双层波浪缀珠大窗帘，都赋予卧室独特的品位，提升了主人的生活品质。

装饰元素 12：花纹石膏线

石膏线是房屋装修材料，可带各种花纹，实用、美观。花纹石膏线广泛应用于奢绮西风风格的家居，具有防火、防潮、保温、隔音、隔热功能，并能起到豪华的装饰效果。

7

8

❾ 以靠墙长条桌为书桌，并在其上设置两层展示台，用以放置杂物和装饰品，既实用，又美观。

❿ 同客厅家具一样，书房内无论书桌、沙发、凳子等线条十分流畅，现代感十足，富有张力。

⑪ 采用铁艺吊灯和散灯结合，既美观，又实用。一幅巨型装饰画提升了整个空间的格调，起到了点睛的作用。

⑫ 地下休闲室采用紫色沙发，休闲之中不失华贵，展示柜中安装了灯槽，视觉效果更加显著。

11

12

豪宅典范

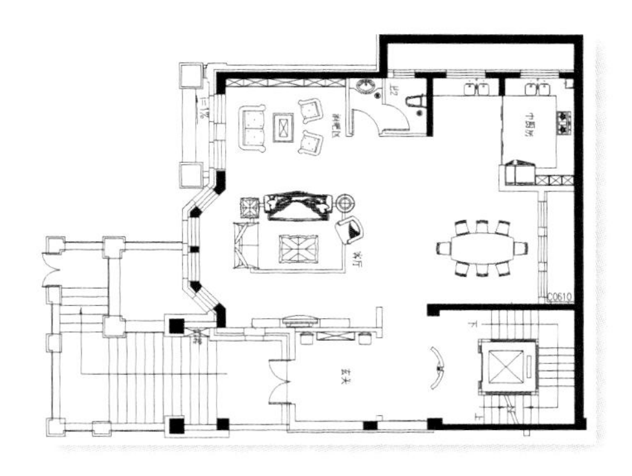

一层平面图

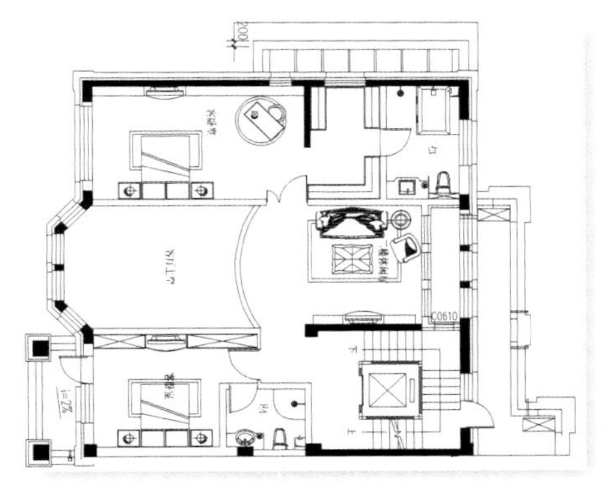

二层平面图

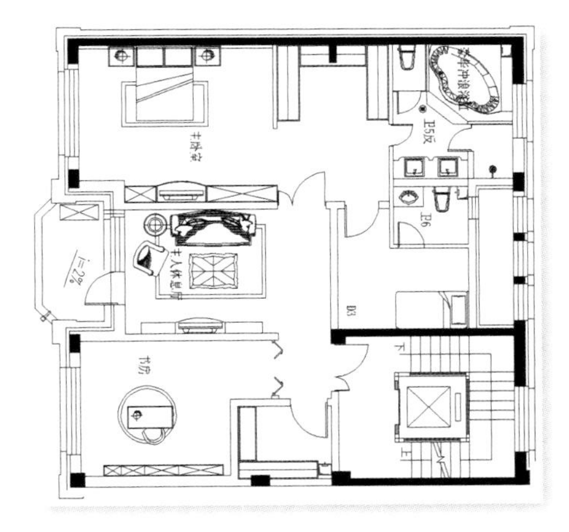

三层平面图

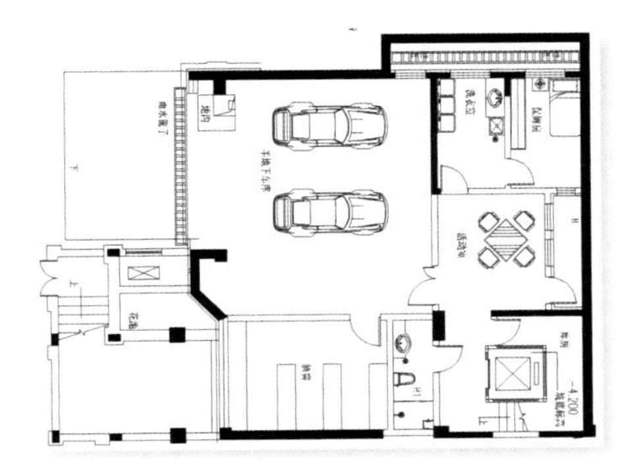

负一层平面图

祝滔
大连设计师、中国室内设计百强人物、曾获 Idea-Tops 艾特奖入围奖

本案是以暖色奢华的新古典为主要风格的私人别墅。它豪华而不庸俗，没有鲜艳而对比强烈的色彩，但却有着沉稳而大气的感觉。在色彩上，大面积运用了米色、金色和咖啡色的搭配，局部点缀一些重色，营造出一种典雅而庄重的氛围，彰显了主人的身份和特质。

户型档案

面积：780 平方米

主材：壁纸、瓷砖、金蜘蛛大理石、帝王金大理石等

❶ 在玄关处利用鲜艳的油画装饰，充满生机的温馨之感扑面而来。放置两张座椅，可供短暂停留。

装饰元素 13：石材拼花

石材拼花在奢绮西风风格的家居中被广泛应用于地面、墙面、台面等装饰，以石材的天然美加上人们的艺术构想而“拼”出一幅幅精美的图案，体现出奢绮西风风格的雍容与大气。

❷ 客厅挑高较高，长长的窗帘如瀑布般从高处垂下，尽显高贵，与周围华丽尊贵的环境十分融合。

❸ 电视背景墙选用网格状花纹，并用镜面材料镶边，两侧采用装饰柱陪衬，简单大气，又不失细节。

❹ 大理石地板与墙面光泽明亮，散发着华丽高贵的气息，欧式兽腿沙发更为客厅增添了精致。

❺ 大型水晶灯填补了客厅上部的空白，使整体更为和谐，搭配精美的油画、金黄的灯光，将空间装点得富贵堂皇。

❻ 在客厅的一侧，辟出一处酒吧作为休闲娱乐场所，砖红的装潢让人立刻身心放松。

❼ 利用石材拼花的地板划分区域，令餐厅更具有整体感。水晶灯主体照明，铁艺壁灯增加情调，令就餐氛围更浓厚、浪漫。

8 黑色的床具尊贵大气，与周围的色彩对比鲜明又协调统一，共同营造了高雅的卧室氛围。纯毛地毯既实用又美观，提升了卧室的整体品质。

9 卧室中放置电视更具有实用性。实木的电视柜与地板风格统一，毫无违和感。

⑩ 除窗帘等配饰外，卧室整体选用了清新明亮的浅色调。家具现代优雅，营造出年轻时尚又大气的情调。

⑪ 二楼的休闲室提供了短暂休闲的空间，配上几株绿植，生机盎然，带来清新的绿意。

装饰元素 14：大型灯池

大型灯池是奢绮西风风格中最常见的元素之一。它可以营造华丽富贵的装饰效果，被广泛应用在欧式大厅、别墅等大空间中。

⑫ 棕红色的实木家具简洁大方，虽无过多装饰，但大气庄重，体现了主人沉稳又尊贵的身份。

⑬ 使用地图做装饰，既新颖又自然，搭配小马造型的摆设和绿植，庄重之中添了几分清新。

⑭ 充满欧式风情的圆拱形状和装饰柱、高贵大气的金色花纹马赛克，舒适优雅就是从这些细节中体现的。

法式风情

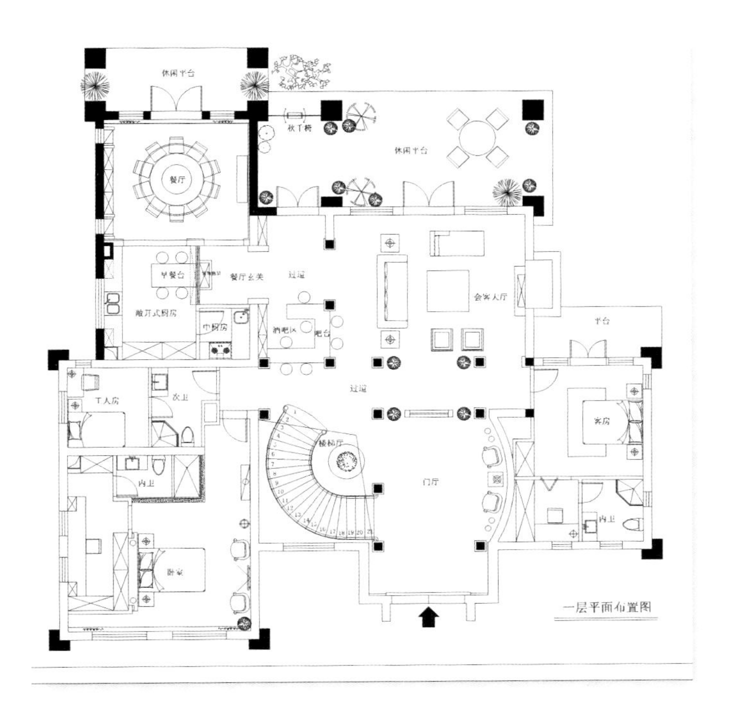

一层平面图

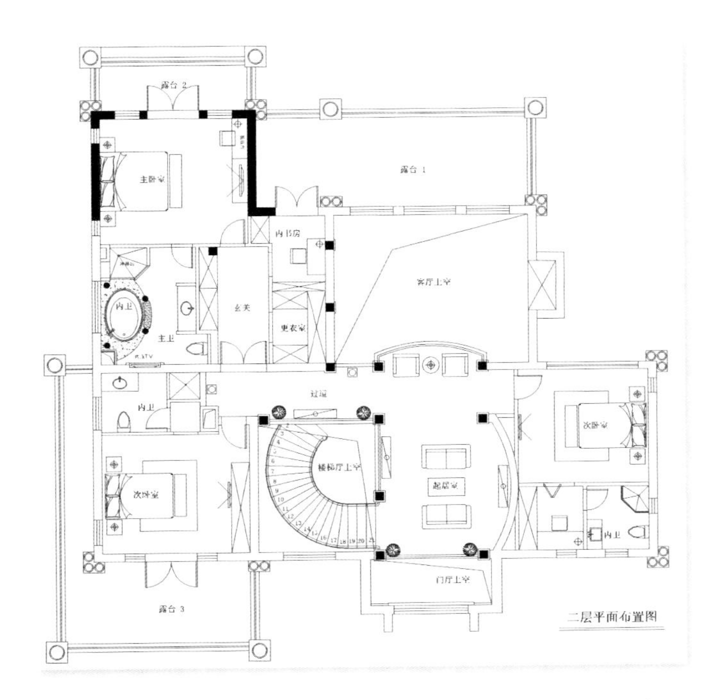

二层平面图

巫小伟
威利斯（VILLISPACE）
设计有限公司创始人、
中国建筑装饰协会会员

本案为古典奢绮西风风格，室内极尽奢华，雍容高贵、大气浪漫在此展现得淋漓尽致，室内每一个细节都精心雕琢。犹如置身欧洲古典宫廷，给人以不尽的视觉享受和感叹。无论是设计上还是后期的软装配饰，均流淌着贵族的气质。

户型档案

面积：500 平方米

主材：罗马柱、大理石、壁纸、防水石膏板、饰面板、软包、金箔贴片、水晶灯、铁艺楼梯等

装饰元素 15：大理石地面

由于大理石地面天然的外观以及色泽，使得其越来越受到现代人们的喜爱，尤其是在奢绮西风风格的别墅中，应用更加广泛。大理石不仅装饰效果好，而且耐磨性能好，抗污能力强。

❶ 穹顶灯池、罗马柱、大理石地面经过精心的欧式雕花处理，奢华与艺术水乳交融，展现了整个大宅的气度。

❷ 设置华美典雅的座椅既美观大方，又可供人短暂停留，具有实用功能。水晶灯、精美饰品提升了门厅品位。

❸ 顶部采用石膏线吊顶，加上金箔纸贴片、水晶灯、筒灯、隐藏灯带，精心设计的灯光组合营造出理想的生活空间。

④ 浅金色的整体色调低调又高贵，垂地长窗帘、镜面装饰以及极尽奢华的水晶灯，每一个细节都精心雕琢，大气浪漫在此展现得淋漓尽致。

⑤ 精致的沙发座椅为整个客厅增添了典雅气息，提升了空间的整体品质，带来浓浓的欧式风情。

装饰元素 16：对称格局

家庭布置的对称格局，是通过室内各类器具（主要是家具）的形体与数量的对称排列而形成。写字桌、椅、小柜等沿房间横向中心线放置，床、长柜靠两侧对称放置，是一种对称格局，给人一种宁静、整齐的感觉。在欧式家居中经常运用。

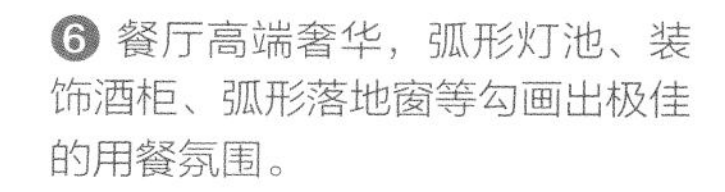

❻ 餐厅高端奢华，弧形灯池、装饰酒柜、弧形落地窗等勾画出极佳的用餐氛围。

❼ 浅青色的花纹壁纸、白色的欧式门套，细节处尽显精致，体现出主人的不凡品位。

❽ 厨房选用仿古地砖和红色木质家具搭配，简单自然又不失高雅。

❾ 客厅和餐厅之间在原有结构的基础上设置了吧台，良好地过渡了不同功能的空间。

⑩ 为了综合家具的奢华，选用较为淡雅的壁纸，既保持了卧室的尊贵气息，又使其更加舒适，营造温馨的休息氛围。

⑪ 卧室内直线装饰较多，线条感强，高贵之中透着时尚年轻的气质。

⑫ 金色软包，实木地板，精准的石膏线，每一个细节都流淌着贵族的气质。

⑬ 银色低调高雅，能够让人平静安心，用在卧室中十分适宜。

⑭ 女孩房选用温馨淡雅的淡粉淡黄色调，温暖而不失气质。而精致的床头幔、摆件以及台灯，则体现主人对细节的追求。

⑮ 休闲厅内也选用欧式古典布艺沙发，是客厅风格的延续，使整个家居具有整体性，而活泼的样式又体现出空间的功能性。

⑯ 地面铺装具有指引路线、划分区域的功能。图案简单大方，与周围环境格调一致。

⑰ 弧状边界与罗马柱搭配，融合完美，灯槽也设计为椭圆状，与浴池相互呼应，彰显高贵与大气。

⑱ 生机盎然的绿植、精美的摆件以及极富韵味的铁艺栏杆等细节，让休闲厅处处散发着优雅高贵的气息。

中国人的托斯卡纳梦

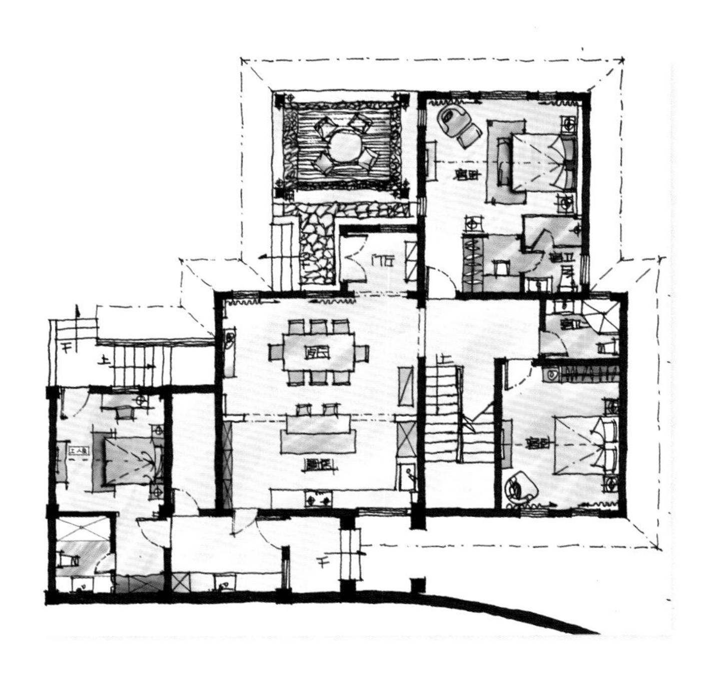

一层平面图

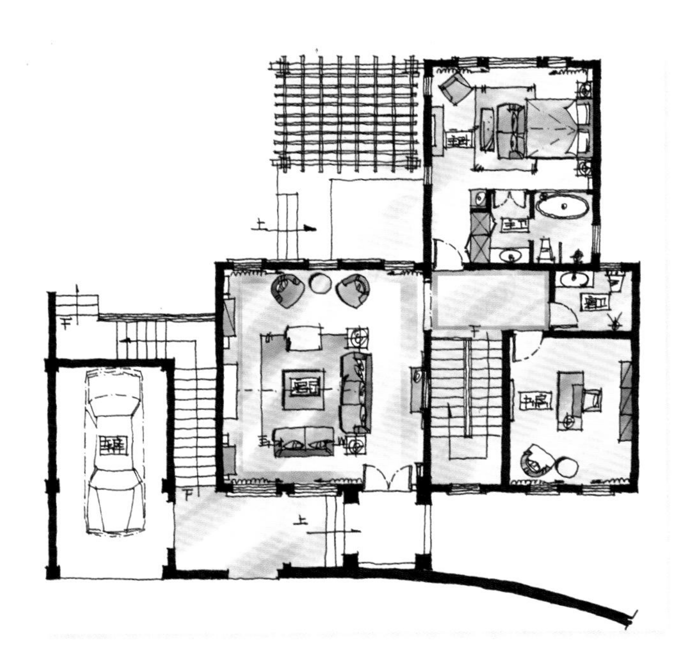

二层平面图

老鬼
高级室内建筑师、全国百名优秀室内建筑师

休闲舒适的乡村气氛、简朴的家具与大自然的有机组合、奶白的象牙般的白垩石、出名的金色托斯卡纳阳光，犹如优雅的田园诗一般镶嵌在这片绿色的山野上。更有深色的红宝石、光泽的洋酒和鲜红的番茄等各种颜色调和在一起，这就是托斯卡纳。

户型档案

面积：320 平方米

主材：文化石、仿古砖、实木板材、马赛克等

❶ 浅黄色的墙壁温馨又浪漫，使用仿古石材装饰更为其增色不少，整个客厅充满舒适温暖的味道。

❷ 墨绿色的窗帘沉稳大方，碎花沙发优雅自然，麦田油画为客厅带来生机，令人心情畅快，积极向上。

❸ 餐厅采用白色文化石装饰拱门，搭配实木家具和仿古地板，清新自然。而墙壁上一幅夜景的油画，则为餐厅增添了更多的生活气息。

❹ 半开放的厨房门形状特殊，线条流畅，与餐厅之间设置吧台，既起隔离作用，又可作为饭菜的临时过渡区，一举两得。

装饰元素 17：门套

门套在传统的家居装饰中，是用来固定门扇和保护墙角的。但如今，由于加强了墙面的装饰性，门套也不再局限于保护作用，而变成了一种装饰效果需求。欧式门套具有奢华与高贵感，常用于私人别墅中。

❺ 无论是地板、床具、门套还是吊顶，都选用实木材料，床头再选择一幅树林画装饰，浓浓的自然气息扑面而来。

❻ 白色的纱幔朦胧缥缈，配上幽黄的灯光，让透亮的落地窗更加浪漫，温馨感十足。

装饰元素 18：藻井式吊顶

藻井式吊顶适用于层高较高、房间较大的别墅中。它的式样是在房间的四周进行局部吊顶，可设计成一层或两层，装修后的效果有增加空间高度的感觉，还可以改变室内的灯光照明效果。

❼ 铁艺、实木、布艺，再加上藻井式吊顶造型，浪漫的小资情调中又不失自然的气息。

❽ 板材做出来的小房子造型，搭配墨绿色的床具，充满童趣，成就孩子们的梦想屋。

❾ 实木书桌、书柜与条纹沙发，搭配顶面的实木板造型，在书香气中又添一丝自然气息。

⑩ 白色调的仿古瓷砖与淡黄色墙壁搭配，清新淡雅，中部采用垂直排列的黑白瓷砖衔接上下，提升空间品位。

⑪ 玻璃与纱幕起到了隔离空间的作用，同时也为居室带来了一丝浪漫的气息。

⑫ 拱形实木门套配黄色系墙漆，温暖十足，门前摆放的艺术花瓶让空间更具有韵味。

⑬ 铁艺与实木搭配出的楼梯，凸显整体的质感。在一侧随意悬挂几幅油画，自然中彰显主人品位。

瑾公馆

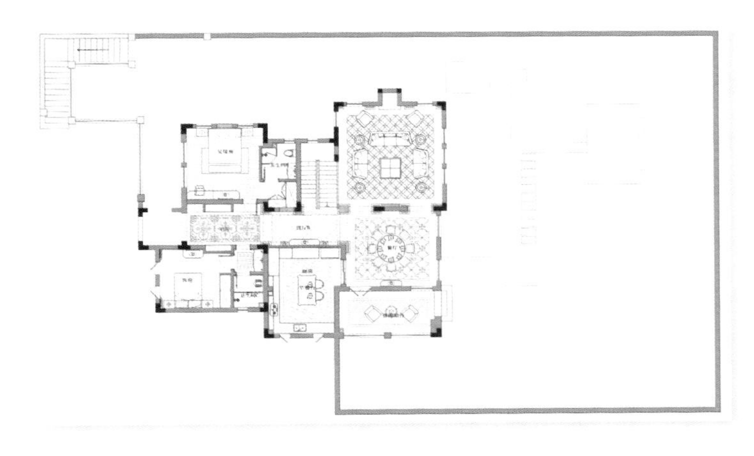

一层平面图

徐鹏程
东易日盛装饰集团股份有限公司株洲直营分公司副主任设计师

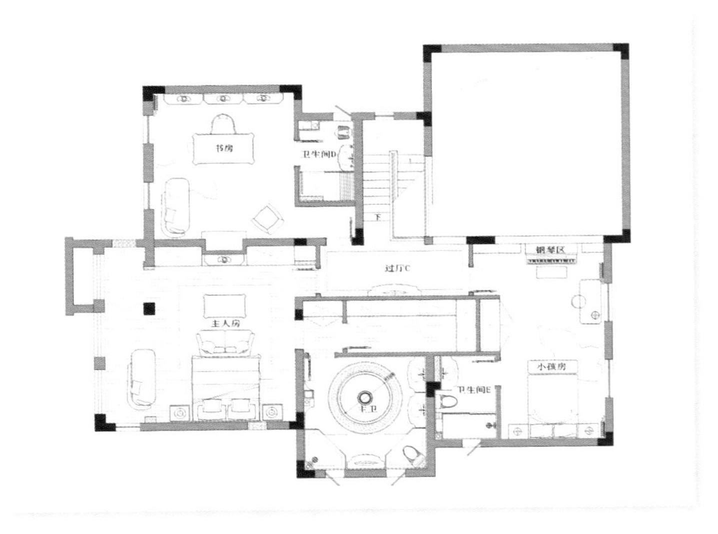

二层平面图

利用现代设计手法，演绎古老的欧式浪漫，每一个细节都做到精致完美。它的尊贵与气质让人赞叹与折服。它不仅是一套家居设计，更是一件艺术品。

负一层平面图

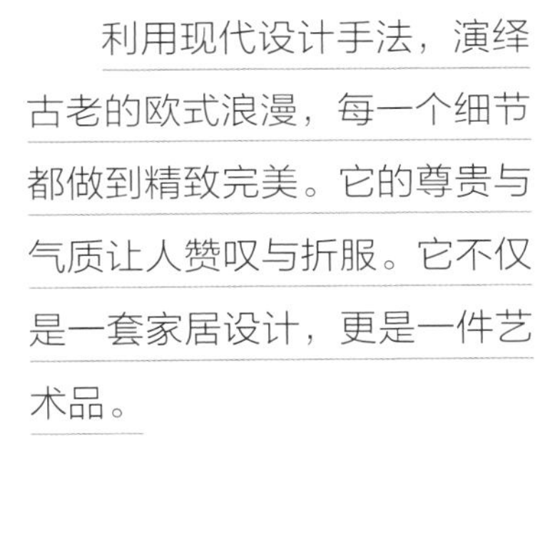

户型档案

面积：780 平方米

主材：大理石、装饰壁纸、马赛克等

装饰元素 19：黄色 / 金色

在色彩上，奢绮西风风格经常运用明黄、金色等古典常用色来渲染空间氛围，可以营造出富丽堂皇的效果，表现出奢绮西风风格的华贵气质。

1

❶ 金碧辉煌的客厅中，真皮兽腿沙发搭配光泽的大理石，雍容华贵。华丽大气的水晶吊灯更是增添了许多高贵气息。

❷ 走进餐厅，映入眼帘是精致的餐桌椅，华丽富贵。鲜艳的百花油画、圆形的大灯槽以及精美的大理石地板相互呼应，共同打造贵族般的就餐场所。

❸ 棕红实木家具搭配大理石台面，典雅低调。精致的细节彰显主人对卓越的要求。

❹ 在色调上深浅搭配，既凸显品质，又明朗雅致。精致床具、高级软包、实木护墙板、拼花木地板等元素搭配在一起，营造出高贵奢华又舒适的卧室氛围。

❺ 女孩房中色彩温馨淡雅，窗帘、床幔等处处细节彰显着优雅与活力，可爱又浪漫。

❻ 多边形灯槽体积硕大，并使用马赛克装饰，搭配华丽的巨型水晶灯，气势非凡，与卧室雍容华丽的风格十分协调。

4

5

6

❼ 书房内采用棕红与浅金色搭配，色调协调美观。不同元素之间虽颜色相近，但具有不同的纹理与形式，统一之中又各具特色，构成精致高贵的整体。

❽ 选用装饰壁炉、贵妃沙发椅等典型的装饰元素与花鸟壁画搭配，使空间更富有韵味。

❾ 利用巨幅镜子的反射原理使卫浴的视野变得更加开阔。复古窗帘与壁灯则增添了更多韵味。

❿ 卫浴主体选用石材，利用不同的花纹装饰不同空间，分区明显，且整体性较好。

9

10

⑪ 棋牌室同样华丽非常，各个细节精致完美，彰显出主人非凡的品位。两株绿植则为室内增添了生机与活力。

⑫ 过厅奢华富丽，地面的石材拼花既装点室内又区分空间，与顶部完美的石膏线相互呼应，尽显高贵。

⑬ 楼梯采用大理石材质，并搭配金黄色铁艺扶手，美得令人沉醉。

11

12

13

禅意东方

禅意东方风格的布局设计严格遵循均衡对称原则，家具的选用与摆放是其中最主要的内容。另外，禅意东方风格的墙面装饰可简可繁，华丽的木雕制品及书法绘画作品均能展现传统文化的人文内涵，是墙饰的首选；通常使用对称的隔扇或月亮门状的透雕隔断分隔功能空间；陶瓷、灯具等饰品一般成双使用，并对称放置。

风格元素

材质

字画壁纸

文化石

木材

青砖

家具

中式架子床

博古架

圆椅

坐墩

明清家具

榻

隔扇门

案类家具

颜色

中国红

白色

黄色

白色＋黑色

棕色系

蓝色 + 黑色

黑色 + 灰色

白色 + 黑色 + 灰色

装饰

书法装饰

仿古灯

屏风

文房四宝

水墨画

花鸟图

茶案

青花瓷

形状图案

冰裂纹

垭口

水墨画

窗棂

藻井式吊顶

镂空造型

门洞

中式雕花吊顶

东情西韵

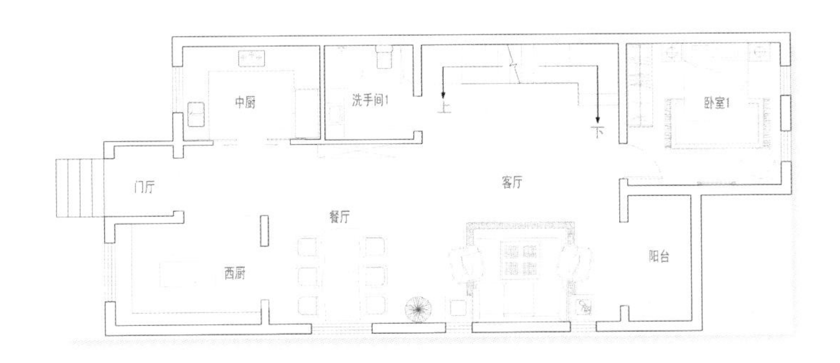

一层平面图

杨克鹏
北京雕琢空间室内设计
工作室创始人 / 总设计师

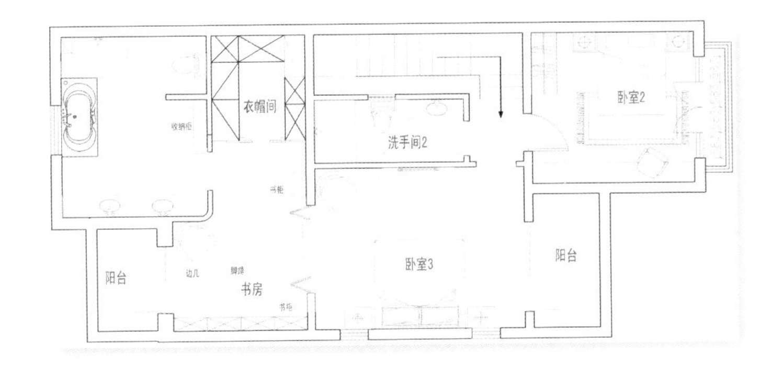

二层平面图

内涵丰富的禅意东方风格像一首隽永的诗，总是给人沉稳、内敛的感觉；西式田园则是人回归自然、轻松写意的感觉。中西式装饰的结合，将会演绎另一种生活的情调。

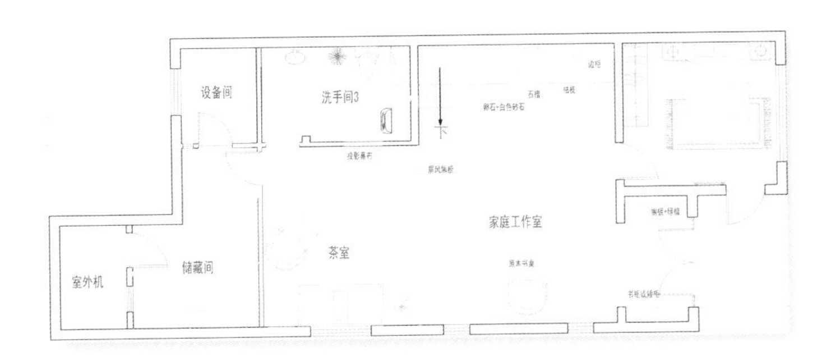

三层平面图

户型档案

面积：285 平方米

主材：仿古墙地砖、乳胶漆、实木橱柜、实木木门等

装饰元素 1：木材

在禅意东方风格的家居中，木材的使用比例非常高，而且多为重色。为了避免沉闷感，其他部分适合搭配浅色系，从而使人觉得轻快些。

❶ 电视后面用双面雕花的门扇来分割空间，不但没有视觉阻隔感，还给空间增加了一道美丽的风景。

❷ 仿古地砖，藤制桌椅，搭配起来自然舒适，为客厅带来温馨放松的居家氛围。

❸ 设计感十足的吊灯、铁艺鸟笼装饰搭配装饰画，舒适惬意感展露无遗。

❹ 清新图案的窗帘、彩色照明灯，都为餐厅营造了温馨淡雅的就餐氛围，茶案的摆设更增添了浓浓的中国风情。

❺ 一条长桌将餐厅与客厅分开，使空间分工更加明确，同时，也具有展示作用，装饰效果较好。

❻ 选用西式厨具，简洁利索，也更符合现代的生活方式。

❼ 淡粉色的墙漆，黑色碎花的白窗帘朦胧清新，再置上两幅装饰画，温馨感十足。

❽ 在卧室一侧设置卧榻，可作为短暂的休息学习场所，方便实用，又充满韵味。

❾ 选用实木地板与床具，让空间更加古朴自然，床头两幅充满韵味的中国画让中式风情更加浓厚。

⑩ 仿古砖质朴典雅，配上仿木的洗浴间与储物柜，简单中不失大气，风韵十足。

⑪ 书房选用实木地板，搭配旧式书架与条桌，古香古色，充满中式古典韵味。

装饰元素 2：茶案

在中国古代的史料中，就有茶的记载，而饮茶也成为中国人喜爱的一种生活形式。在家居空间中摆上一个茶案，是将一种雅致的生活态度传递。

⑫ 地下休闲室使用木质透雕门窗与浮雕木挂画装点空间。沙发座椅中式味也十分浓厚，茶案的放置更是体现了主人的品位追求。

⑬ 在休闲室的一侧设置古式书案，方便主人阅读办公，也将中式风味体现得淋漓尽致。

⑭ 铁艺烛台既继承了古典中式的韵味，又为空间增添了浪漫气氛。此外，圆窗也借鉴了禅意东方风格中的透景手法。

⑮ 地下储物间更加简单大方。西式家具与马赛克墙砖为家中增添了异样风情。

14

15

魅力中式

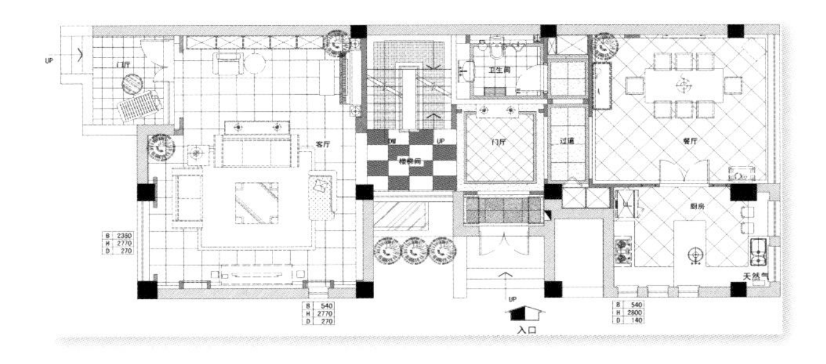

一层平面图

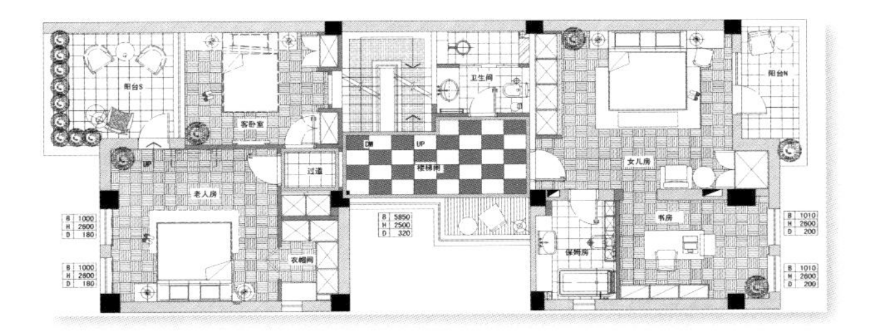

二层平面图

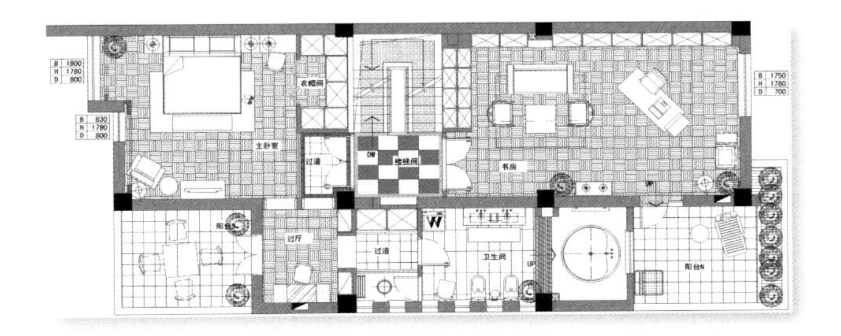

三层平面图

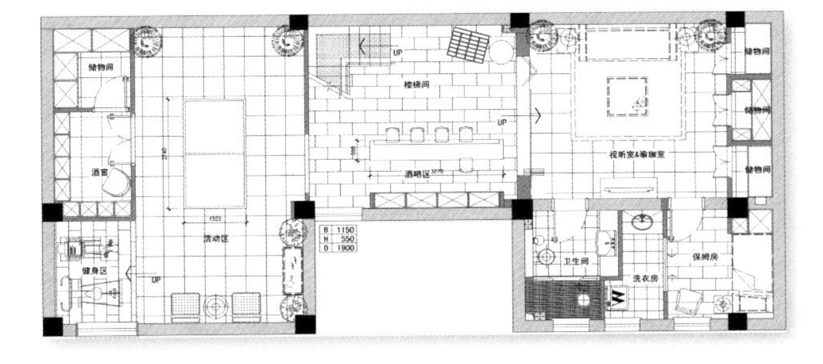

负一层平面图

薛东
东易日盛家居装饰集团
西安分公司首席原创设
计总监

本案定位于禅意东方风格与现代生活的结合，是融合东方意蕴与国际时尚元素的综合智能家居设计。以现代生活方式为原则，并吸取东方古典空间曲径通幽的手法，对平面布局进行科学设计，保证其功能完善与布局合理，整体的设计也有效提升了主人的生活品质。

户型档案

面积：600 平方米

主材：仿古砖、石材、软包、壁纸等

装饰元素 3：黄色系

黄色系在古代作为皇家的象征，如今广泛地应用于禅意东方风格的家居中。并且黄色有着金色的光芒，象征着财富和权力，是骄傲的色彩。

❶ 色调上，客厅选用淡黄色，低调典雅，仿古的地砖与中式家具搭配，韵味十足。

❷ 在装饰元素上，选用中式风情十足的中式镂雕与中国画装饰。同时，放置色调相同的沙发，既符合现代生活方式，又与周围环境融为一体。

❸ 在充满中式风情的餐厅中，棕色兽腿座椅的使用不仅毫无违和感，反而增加了空间的灵动感。

❹ 圆形灯槽既体现中国天圆地方的古老认知，又寄予了家庭和睦团圆的美好祝福。

❺ 回字纹的门窗风韵十足，西式窗帘浪漫唯美，但都十分典雅，并不冲突，反而浑然一体。

❻ 厨房选用现代式一体厨具，更符合现代生活方式。而棕红色的木色系，则让厨房充满中式韵味。

❼ 木色系的一体厨具搭配仿古式地砖，使空间温馨而低调，充满生活气息。

❽ 菱形大灯槽搭配水晶吊灯，豪华而现代，回字纹的门窗装饰则古典优雅，彰显主人的品位与追求。

❾ 卧室的玻璃压花门与更衣室的推拉门都充满中式韵味，古典贵气，制作精良，体现了主人对品质的追求。

❽

❾

⑩ 中式雕花复古床，实木高低柜，韵味十足的水墨画，整个卧室中式风情十足。

⑪ 矩形大灯槽充满现代感，竖式条纹让房间更淡雅，搭配中式家具，毫无违和感。

⑫ 阳台上放置一组禅意东方风格的座椅，可供主人短暂休闲，或与友人小聚，或认真倾心阅读，别有一番风味。

装饰元素 4：明清家具

明清家具同中国古代其他艺术品一样，不仅具有深厚的历史文化底蕴，而且具有典雅、实用的功能。

⑬ 书房宽敞明亮，格局较大，配上古香古色的家具，大气十足，也将主人的儒雅气息体现出来。

⑭ 在书房一侧，放置卧榻可供主人短暂休息。墙上的装饰画带来浓浓的文化气息，彰显出主人的品位追求。

⑮ 多个书柜可满足主人藏书的爱好，布局紧凑，以满足功能性为主，满满的书香气息也是一种别样的韵味。

⑯ 地下娱乐室场地较大，留出了充足的活动空间，十分科学和人性，为主人在休闲之余提供了一处健身娱乐的场所。

⑰ 黄色调的地砖与木色洗手池十分协调，暖暖的灯光轻轻照耀，温馨十足。

⑱ 干湿分区，更方便使用，深色的装饰贵气十足，细节之处彰显贵族品质。

⑲ 玄关是中西结合的完美体现。石材拼花与中式案几、镂花等元素相结合，打造出一个中西合璧、充满韵味的玄关。

⑳ 走廊处选用实木雕花栏杆，再搭配几幅中式山水画，气韵十足，彰显主人高雅的品位与卓越的追求。

㉑ 镂空折叠门扇，两把老式座椅，青花瓷与水墨画做点缀，古韵十足。

撷古绎今

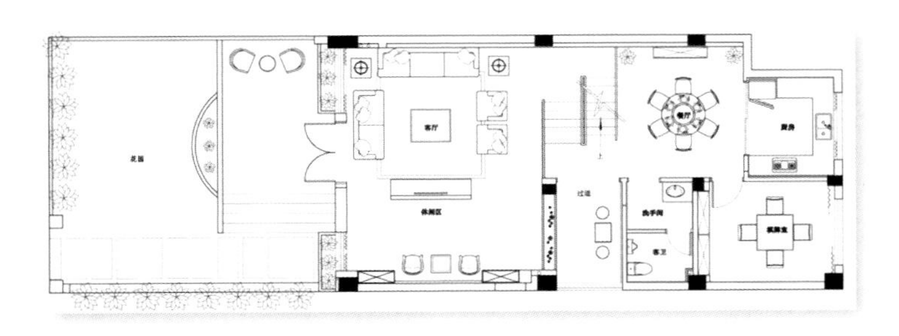

一层平面图

孙冲
云南昆明中策装饰（集团）副主任设计师

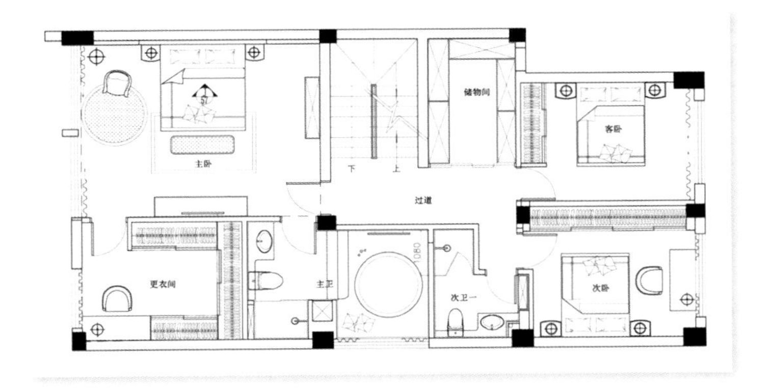

二层平面图

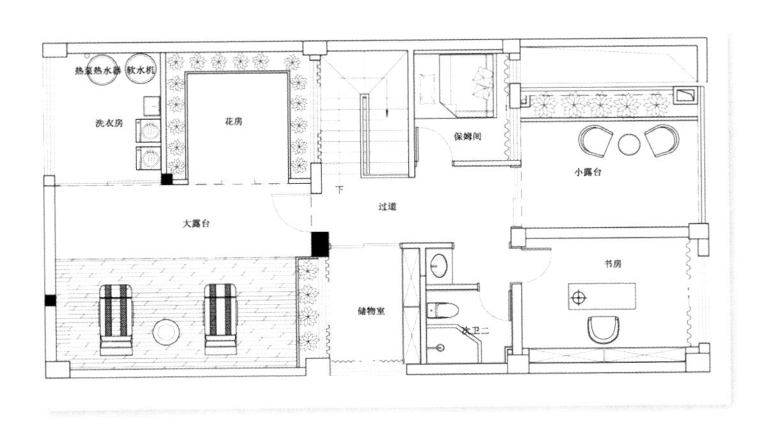

三层平面图

本案用现代的手法和材质还原古典气质，撷古绎今，将中国元素融入整体空间规划与布局，打造一个充满理性和智慧的现代人文家居环境。把相异功能空间统一风格，各自视为独立的风景，细节处注重中式元素的表达，轻松而又蕴含深深的韵味，静待细品。

户型档案

面积：340 平方米

主材：瓷砖、地板、石材等

❶ 客厅中选用简洁大方的现代式家具，融入众多中式元素，让中国传统文化的精髓融入生活之中，使家居生活更富有韵味。

❷ 写意山水画无论在色调上还是风格上都与周围环境相融合，完美地装饰了沙发背景墙，提升了客厅的品位。

❸ 客厅电视背景的中式花格与家具充满东方格调，却又不失现代感。

装饰元素 5：水墨画

水墨画是绘画的一种形式。更多时候，水墨画被视为中国传统绘画，也就是国画的代表。基本的水墨画，仅有水与墨、黑与白色；但进阶的水墨画，也有工笔花鸟画，色彩缤纷。水墨画在禅意东方风格的家居中应用十分广泛。

❹ 采用一体式厨具，干净利索，棕红色的木色系与整体家居风格相符合，同时也彰显大气与品质。

❺ 客厅雍容华贵，木质栏杆与兰花诗画的使用，让餐厅更具有气韵。

❻ 利用不同纹理、颜色的木质材料装饰卧室，风格相融的同时，又有各自特色。床头放置的花鸟图为卧室增添了生机与活力。

❼ 卧室颜色淡雅清新，光线柔和，营造了良好的睡眠氛围。两幅艺术画有效装点了空白处，再置上一株百合，生机与温馨共存。

❽ 落地窗清新浪漫，搭配棕色窗帘，十分典雅。木材料的床头装饰富有古韵，让整个卧室充满中式气息。

❾ 集尊贵与实用为一体，棕色展示橱与古典中式花纹窗帘搭配，雍容大气，彰显主人身份。

❿ 浴室选用豪华的大理石材料，尊贵大气。圆形灯槽简单大气，韵味十足，淡黄色的灯光让空间更加温馨。

⑪ 大理石台阶与木质栏杆搭配，中西合璧，豪华与气韵同在。栏杆雕刻精致，细节之处彰显品质。

⑫ 玄关处利用巨幅山水画装饰，气势恢宏。圆形透窗将户外景色借到室内，使空间在视觉上得到延续。

演绎东方新印象

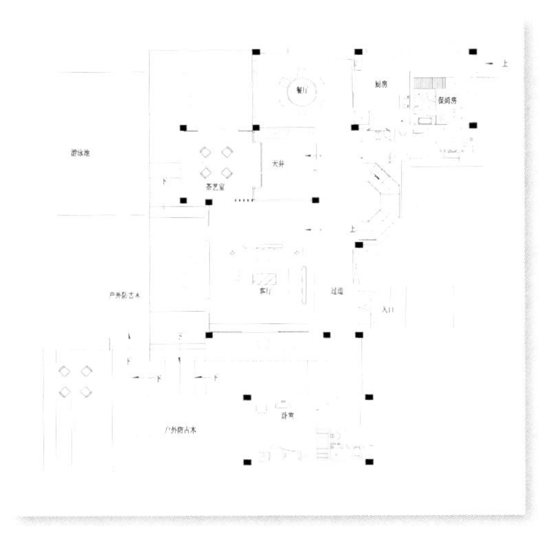

一层平面图

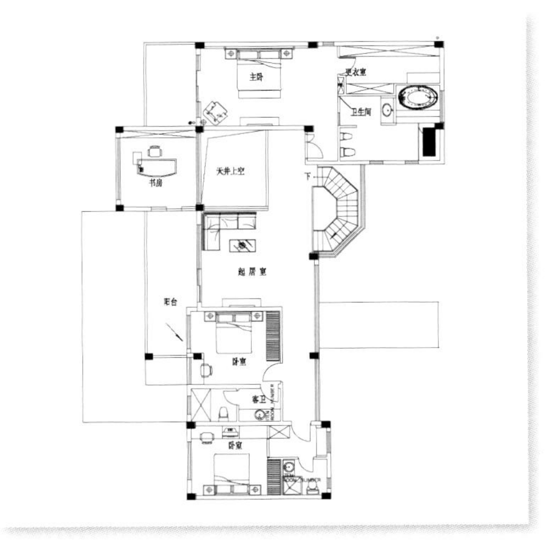

二层平面图

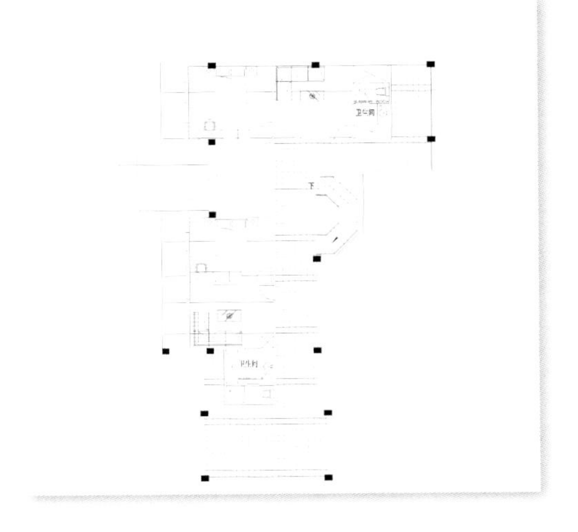

三层平面图

洪斌
唐玛（上海）国际设计
公司设计总监 / 董事

将中式元素融入到家居的设计中，并以简约的方式加以完善，摒弃了中式厚重繁复的雕饰，将实用性充分发挥，让生活充满温馨情调。

户型档案

面积：720 平方米

主材：金花米黄石、瓷砖、玻璃等

装饰元素 6：仿古灯

中式仿古灯作为情调古典和传统文化神韵的再现，或为纯色，或有图案。图案多为清明上河图、如意图、龙凤、京剧脸谱等中式元素。其装饰元素多以镂空或雕刻的木材为主，宁静而古朴，其所特有的特色十分适合禅意东方风格的家居。

❶ 中式窗棂占满整个墙面，借景窗外竹子引入室内，丰富室内景观，同时兼具屏风作用。

❷ 两扇木质屏风演绎中式风情。简单大方的木质沙发既具有东方韵味，又满足现代生活需求。

❸ 天井处设置水景，并栽植竹子，寥寥几笔，将中式风情演绎得十分到位。

❹ 窗外的几根翠竹，搭配上一杯茗茶，中式韵味回荡在整个空间内。

❺ 茶室家具均选用木质材料，具有浓厚的中式文化气息。几根棱木组成屏风，简易但不失韵味。

装饰元素 7：榻

榻也是中国古时家具的一种，狭长而较矮，比较轻便，也有稍大而宽的卧榻，可坐可卧，是古时常见木制家具，现多见于禅意东方风格的家居中。

❻ 藤制窗帘、木质家具、仿古灯具，再配上文化气息浓厚的中国画，中式气韵十足。

❼ 放置榻椅可供主人休闲、与友人畅聊，外景中郁郁葱葱的竹子为室内增加了绿意。

❽ 透明的玻璃窗，大气简约的卧室空间清新舒适，毫无生活的压力，营造了良好的休息氛围。

⑨ 极具中式气息的书房，搭配具有现代化气息的书架设计，充分地展现了主人的居家品位。

⑩ 充满现代感的楼梯设计，黑色展现高贵大气，线条曲折流畅，整体造型实用又美观。

⑪ 楼顶设置露台，有效利用空间，为主人提供一处休闲娱乐的户外空间。

11

峰雅园

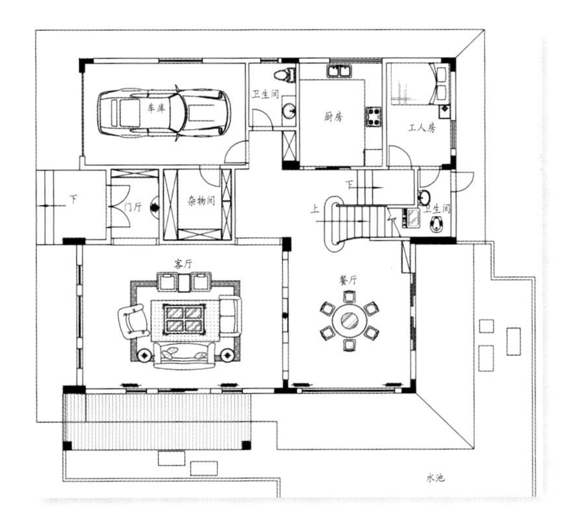

一层平面图

陈维
汕头经济特区雅达环境
艺术设计事务所总经理

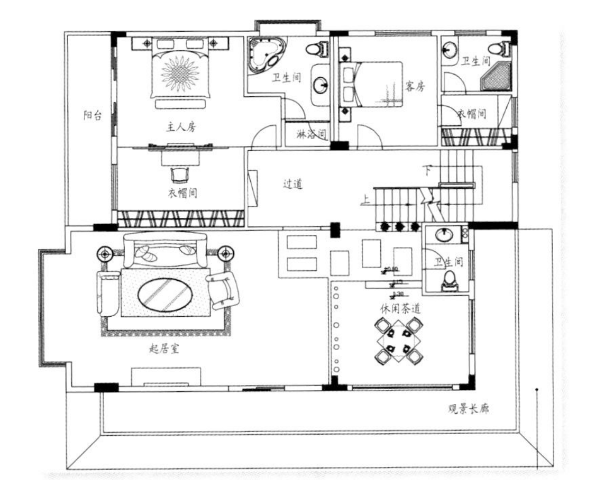

二层平面图

采用华洋结合，东西兼容的设计手法。清新儒雅，极具禅意，既体现东方审美情趣，又有现代时尚生活的内涵，打造符合现代生活方式的中式家居。

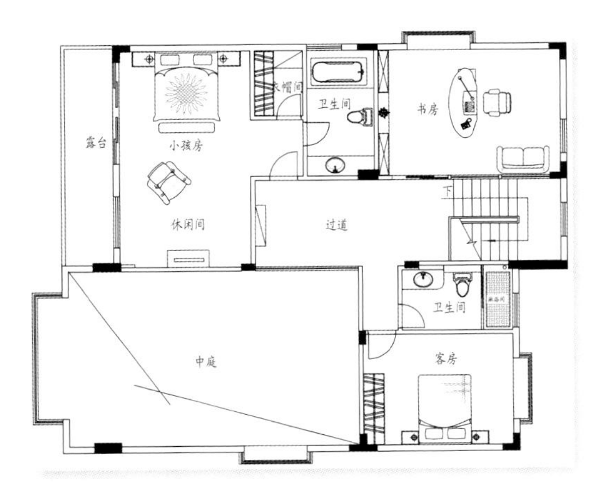

三层平面图

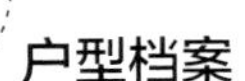

户型档案

面积：439 平方米

主材：石材、壁纸、青砖等

❶ 选用清新淡雅的绿色调，为客厅带来舒适温馨的氛围。多扇推拉门让室内更加宽敞明亮。

❷ 借鉴中式传统家具样式，并经过现代改良，使其保持中式风韵的同时，更符合现代生活方式，打造出传统又时尚的客厅风格。

❸ 沙发背景墙设计为门套的形式，简单大方，与周围环境相统一。

装饰元素 8：博古架

博古架是类似书架式的多层木架，中分不同样式的许多层小格，格内陈设各种古玩、器皿，每层形状不规则，前后均敞开，无板壁封挡，便于从各个位置观赏架上放置的器物，是禅意东方家居中的常用元素。

❹ 明亮浪漫的落地窗，自然新颖的窗帘，精致典雅的实木家具，每一个细节都让餐厅更加完美。

❺ 餐厅与客厅之间十分通透，增加了空间的衔接性，方便实用。中部采用展示柜作隔断，既有通透性，又起分隔作用，运用十分恰当。

❻ 复古吊灯喜庆又柔和，配上高高的落地窗与古朴自然的沙发背景墙，营造出典雅又温馨的起居室氛围。

❼ 别致的门洞与楼上的栏杆打破了大片白墙的单调与呆板。复古灯具恰到好处地起到了协调作用，让空间布置更加科学完美。

6

7

❽ 此处的实木家具样式简洁，带给人干净利索的印象，与周围的空间布置风格一致，十分典雅。

❾ 实木地板、藤编窗帘与扫帚草修剪而成的艺术品，配上经典的实木家具，茶室的休闲氛围立刻浓厚起来。

装饰元素 9：门洞

不安装门的门洞也是中式家居中常用的形状图案之一。它既有通透性，又有隔离分区的作用。形状特殊门洞能够为家居带来别样的韵味。

⑩ 形状特殊的门框令人眼前一亮。没有采用实体门而采用门洞形式可形成框景，也使空间更加通透。

⑪ 利用不锈钢柱随意搭接作为起居室与休闲茶室的隔断，自然又新颖，且通透性较好。

⑫ 铁艺栏杆古朴而富有韵味，楼梯口放置条桌与艺术画，避免视野景色过于单调。

⑬ 灯槽内采用棕红木色材料装饰，十分美观，同时也使得艺术吊灯与其他装饰更为和谐。

栖　息

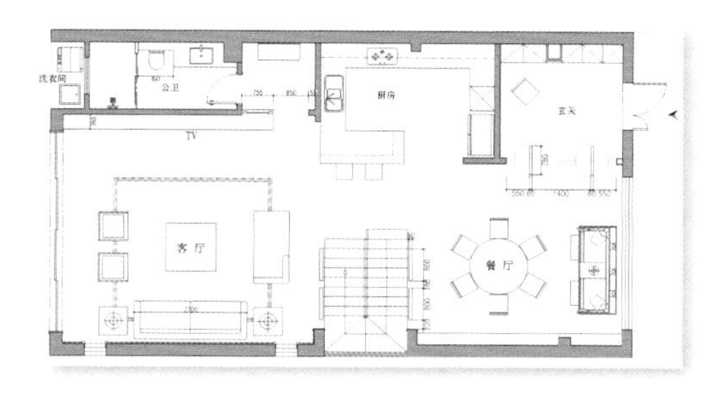

一层平面图

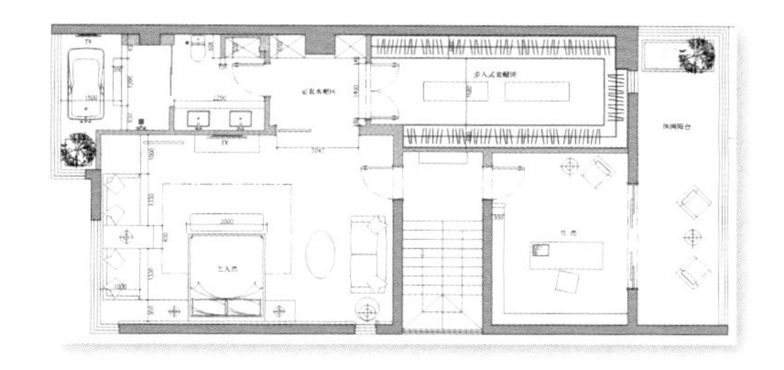

二层平面图

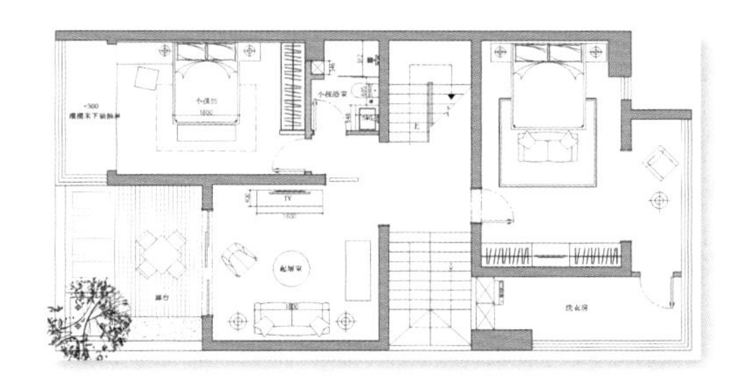

三层平面图

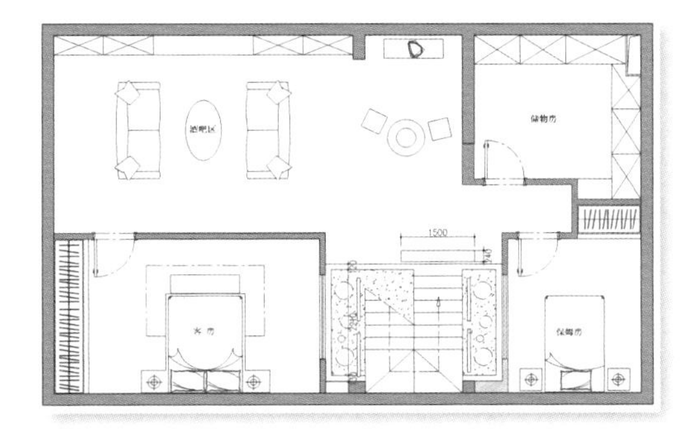

负一层平面图

苏俊
中国建筑装饰协会高级住宅室内设计师、湖南建筑装饰装修行业杰出优秀设计师

大量采用实木家具等木质材料，搭配适量石材，古今融合，功能与使用相结合，打造典雅自然的中式家居，提升生活环境的品质，让平常的日子变得精致，生活更有品位，“家”便有了更深的意义。

户型档案

面积：480 平方米

主材：仿古砖、木地板、复古面石材等

装饰元素 10：坐墩

圆形，腹部大，上下小，其造型尤似古代的鼓，故又叫“鼓墩”，是汉族传统家具凳具家族中最富有个性的坐具，用于禅意东方风格的家居中，再合适不过。

❶ 为了与实木家具搭配，凸显中式风情，墙体也选用木料装饰。两幅水墨画让客厅更富有文化气息。

❷ 电视背景墙采用石材与木材相结合，高贵又不失自然，且能与周围空间完全融合，毫无突兀之感。

❸ 餐厅在延续打造实木家居风格的基础上，选用了仿古地砖，令空间更加自然、明亮。

❸

❹ 四角帷幔温馨浪漫，床头横栏栅栏韵味十足，床尾凳也极富有中国特色，古朴自然，营造了良好的睡眠环境。

❺ 整间卧室内充满温馨舒适的木色，木地板、亚麻色装饰墙、中式榻椅、挂落等元素典雅大方，中式风情浓厚。

装饰元素 11：中式架子床

中式架子床为汉族卧具，为床身上架置四柱或四杆的床，式样颇多、结构精巧、装饰华美。装饰多以历史故事、民间传说、花马山水等为题材，含和谐、平安、吉祥、多福、多子等寓意。

❻ 卫浴采用仿古地砖与大理石搭配，豪华中不失自然。木色的储物柜也为空间增添了清新典雅的氛围。

❼ 储物间门扇选用隔扇门，既具有通透性，又具有围合隔离的作用。储物柜也设计为传统形式，中式韵味十足。

8

❽ 深色系的抽象画作放在此处，被赋予中式庄重典雅的色彩，置一把圈椅于前，十分协调。

❾ 新式窗子前，摆上两把庄重复古的老式座椅，感受今昔对比，品味时间如梭。

❿ 在实木楼梯旁设计了一组荷花形象艺术不锈钢雕塑，用现代手法演绎传统花卉，既对比鲜明，又融会贯通，很有情趣。

9

10

江南衔古

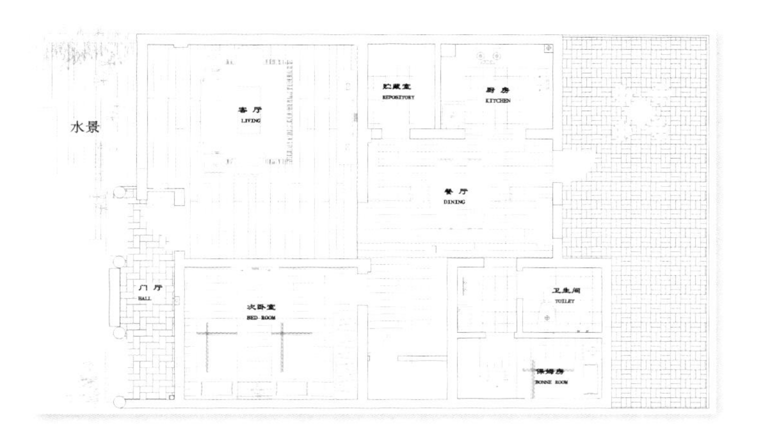

一层平面图

李海明
南京邦雷装饰设计工程公司 & 李海明室内空间设计工作室创办人

二层平面图

将空间回归生活，实践“住宅为生活之容器”的概念。用收藏的字画、花器替空间定调其属性，呈现出东方禅意的人文空间。本案用温润的木纹铺陈含蓄文雅的景致，使人文气息蔓延其中，也令静谧的空间产生江南之美。

户型档案

面积：240 平方米

主材：泰柚、木雕、瓷砖、壁纸等

装饰元素 12：镂空类造型

镂空类造型如窗棂、花格等可谓是禅意东方风格的灵魂，常用的有回字纹、冰裂纹等。中式古典风格的居室中这些元素可谓随处可见，如运用于电视墙、门窗等，也可以设计为屏风，具有丰富的层次感，也能立刻为居室内增添古典韵味。

❶ 木地板、镂空花纹、复古方灯等多种元素，为客厅带来浓浓的中国风。

❷ 将展示柜做成回字纹形状，新颖别致，典雅气息浓厚。

❸ 餐厅中均选用实木家具，样式也借鉴了传统家具风格，精致无比，古朴温馨又彰显品质。

❹ 选用线珠帘隔断，既具有通透性，又起分离作用，搭配古朴典雅的灯具，十分和谐，为典型的中式装饰。

❺ 两层中式花纹的落地窗帘浪漫又大气，色调上也与周围环境十分协调，营造出舒适温馨的卧室氛围。

❻ 床头立面墙与顶部都运用中式花纹装饰，具有整体感，使卧室整体更加优雅温馨。

❼ 墨绿色的窗帘搭配棕红色书桌，庄重典雅，彰显主人身份。放置躺椅，既实用又美观，十分和谐。

5

6 7

❽ 书房与茶室之间的隔断较窄且通透，避免了空间过于狭促，衔接性也较好。

❾ 茶室选用墨绿色桌椅，韵味十足，具有年代感。圈椅与镂空装饰也让空间中式风味更足。

❿ 仿古瓷砖既方便打理，又自然舒适，搭配深红色家具，提高了卫浴的品质。

⓫ 采用珠帘隔断，既通气，又能避免内景过于暴露，且与墙壁中部的回字纹装饰相互呼应，体现浓郁的中国风情。

装饰元素 13：圈椅

圈椅由交椅发展而来，最明显的特征是圈背连着扶手，从高到低一顺而下，坐靠时可使人的臂膀都依着圈形的扶手，感觉十分舒适，是中国独具特色的椅子样式之一。

8

9

10

11

⑫ 黑棕实木的楼梯使用虎纹地毯装饰，高贵大气。福字挂饰与老式座椅避免了白墙的单调，别是一番风景。

⑬ 阳台过道选用青砖饰墙，红砖铺地，再设计上几盏复古灯，古式风韵十足。

⑭ 阳台采用木质结构框架，并用玻璃围合，保证安全的同时，视野较好，置上几把简单的桌椅，实在是居家休闲的好地方。

12

13

14